供电所员工技能

实操培训手册

国网河南省电力公司技能培训中心　组编

中国电力出版社
CHINA ELECTRIC POWER PRESS

内容提要

为提高供电所员工技能水平和工作能力，有效解决工作中存在的突出问题，国网河南省电力公司技能培训中心组织编写了本手册。

本手册包括供电基础知识、配电业务技能及实操、营销业务技能及实操、电力法律法规及企业文化4篇。本手册采用问答形式，内容全面，通俗易懂，图文并茂，并附带视频网址。

本手册可作为供电企业开展供电所员工技能培训的实用教材。

图书在版编目（CIP）数据

供电所员工技能实操培训手册 / 国网河南省电力公司技能培训中心组编 .—北京：中国电力出版社，2020.12（2022.5 重印）

ISBN 978-7-5198-5165-1

Ⅰ.①供… Ⅱ.①国… Ⅲ.①供电—职业培训—手册 Ⅳ.① TM72-62

中国版本图书馆 CIP 数据核字（2020）第 222665 号

出版发行：中国电力出版社
地　　址：北京市东城区北京站西街 19 号（邮政编码 100005）
网　　址：http://www.cepp.sgcc.com.cn
责任编辑：刘　薇（010-63412357）
责任校对：黄　蓓　郝军燕
装帧设计：张俊霞
责任印制：石　雷

印　　刷：三河市万龙印装有限公司
版　　次：2020 年 12 月第一版
印　　次：2022 年 5 月北京第四次印刷
开　　本：787 毫米 ×1092 毫米　16 开本
印　　张：11
字　　数：230 千字
印　　数：4701—5700 册
定　　价：60.00 元

编 委 会

张清清　田禄然　吴方鸣　郭锦波　聂晓羽

王　宁　杨　洋　司　诺　王　静　刘绍辉

于　娟　柴红霞　吴梦皎　李志勋　王　琼

时　晶　王　沛　牛守玉　路长顺　王　芳

刘　涛　李　鹏　刘　鹏　武星宇　陈社军

陈玉甫　付忠合　白付军　申开宣　张　亮

张美远　张建卫　张雁翔　方相怀　谷彦军

Preface 前言

为认真落实《国家电网公司关于进一步加强乡镇供电所管理工作的若干意见》，有效贯彻执行国家电网有限公司战略目标，持续深化供电所综合管理，提高员工技能水平和工作能力，全力打造全能型供电所，按照供电所管理新模式要求，有效解决工作中存在的突出问题，提高队伍整体素质是当务之急。国网河南省电力公司技能培训中心组织编写了《供电所员工技能实操培训手册》。本手册内容全面、通俗易懂、图文并茂，并附带视频网址，可作为供电企业开展供电所员工技能培训的实用教材。

本手册内容包括供电基础知识、配电业务技能及实操、营销业务技能及实操、电力法律法规及企业文化等，主要用以指导供电所员工日常工作。本手册采用问答的方式，有助于提升员工实操技能，快速推进“全能型”供电所建设。

本手册在编写过程中得到了国网河南省电力公司及各市、县供电公司领导，各专业部门有关同志的大力支持和帮助，他们对手册提出了许多宝贵的意见，在此一并表示感谢。

由于作者水平有限，手册中不当之处在所难免，恳请广大读者批评指正。

编　者

2020 年 9 月

Contents
目 录

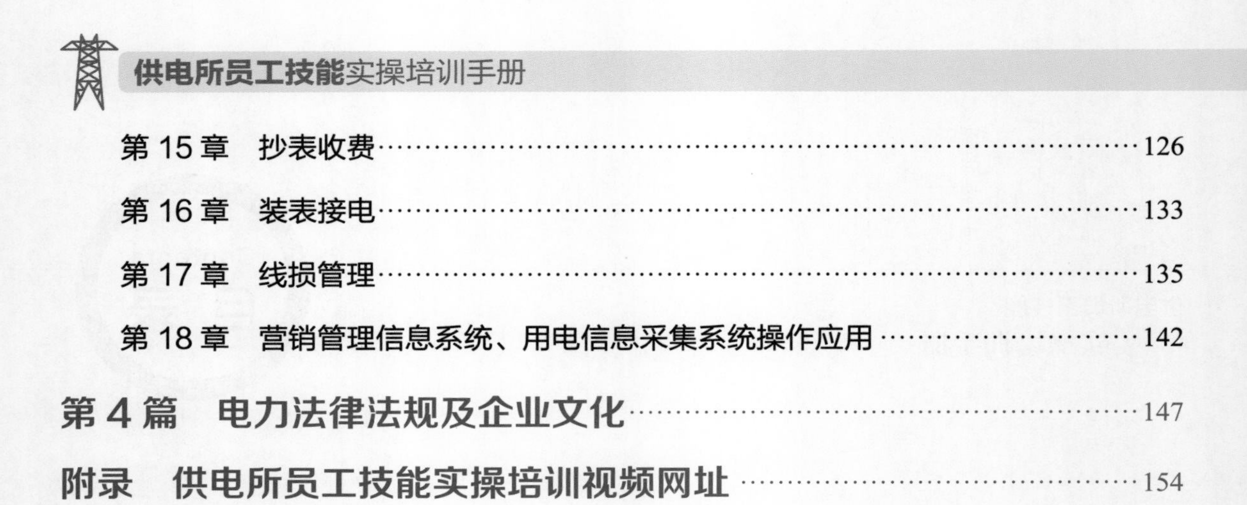

第1篇 供电基础知识

第1章 安 全 知 识

1. 在配电线路和设备上工作，保证安全的组织措施是什么?

答：①现场勘察制度；②工作票制度；③工作许可制度；④工作监护制度；⑤工作间断、转移制度；⑥工作终结制度。

2. 现场勘察的主要工作内容是什么?

答：现场勘察应查看现场检修（施工）作业需要停电的范围、保留的带电部位、装设接地线的位置、邻近线路、交叉跨越、多电源、自备电源、地下管线设施和作业现场的条件、环境及其他影响作业的危险点，并提出针对性的安全措施和注意事项。

3. 许可开始工作的命令应通知工作负责人，可采用哪些方法?

答：（1）当面许可。工作许可人和工作负责人应在工作票上记录许可时间，并分别签名。

（2）电话许可。工作许可人和工作负责人应分别记录许可时间和双方姓名，复诵核对无误。

4. 什么情况下应增设专责监护人?

答：工作票签发人、工作负责人对有触电危险、检修（施工）复杂容易发生事故的工作，应增设专责监护人，并确定其监护的人员和工作范围。增设专人监护如图 1-1 所示。

图 1-1　增设专人监护

5. 什么情况下可临时停止工作?

答：工作中遇雷、雨、大风等情况威胁到工作人员的安全时，工作负责人或专责监护人应下令停止工作。

6. 工作终结的报告应包括哪些内容?

答：工作终结报告应简明扼要，主要包括下列内容：工作负责人姓名，某线路（设备）上某处（说明起止杆塔号、分支线名称、位置称号、设备双重名称等）工作已经完工，所修项目、实验结果、设备改动情况和存在问题等，工作班自行装设的接地线已全部拆除，线路（设备）上已无本班组工作人员和遗留物。

7. 在配电线路和设备上工作，保证安全的技术措施有哪些?

答：①停电；②验电；③接地；④悬挂标示牌和装设遮栏（围栏）。

8. 对同杆（塔）架设的多层电力线路验电时，有什么要求?

答：对同杆（塔）架设的多层电力线路验电，应先验低压、后验高压，先验下层、后验上层，先验近侧、后验远侧。

禁止作业人员越过未经验电、接地的线路对上层、远侧线路验电。

9. 同杆（塔）架设的多层电力线路装、拆接地线有什么要求?

答：装设同杆（塔）架设的多层电力线路接地线，应先装设低压、后装设高压，先装设下层、后装设上层，先装设近侧、后装设远侧。拆除接地线的顺序与此相反。

10. 对成套接地线有什么要求?

答：成套接地线应用有透明护套的多股软铜线和专用线夹组成，接地线截面积应满足装设地点短路电流要求，且高压接地线的截面积不得小于 $25mm^2$，低压接地线和个人保安线的截面积不得小于 $16mm^2$。接地线应使用专用的线夹固定在导体上，禁止用缠绕的方法接地或短路。禁止使用其他导线接地或短路。成套接地线和个人保安线如图 1-2 所示。

11. 对于接地线的装、拆有什么要求?

答：装设的接地线应接触良好、连接可靠。装设接地线应先接接地端、后接导体端，拆除接地线的顺序与此相反。

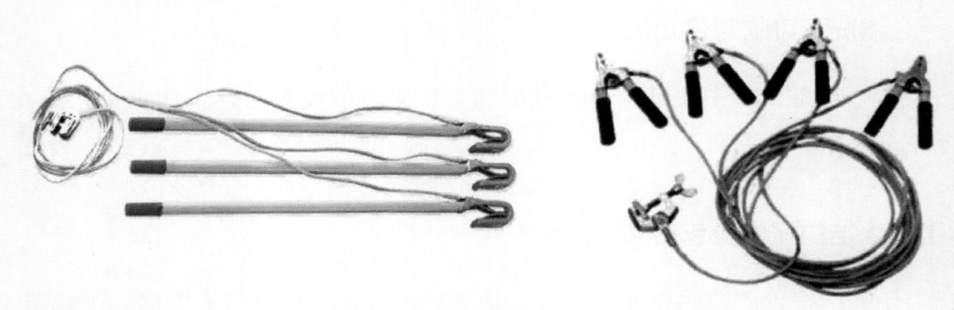

图 1-2　成套接地线和个人保安线

12. 在什么情况下，应使用个人保安线?

答：对于因交叉跨越、平行或邻近带电线路、设备导致检修线路或设备可能产生感应电压时，应加装接地线或使用个人保安线，加装（拆除）的接地线应记录在工作票上，个人保安线由作业人员自行拆除。

13. 绝缘手套的作用是什么?

答：绝缘手套是在高压电气设备上进行操作时使用的辅助安全用具，如用来操作高压隔离开关、高压跌落式熔断器、油断路器等；在低压带电设备上工作时，可将它作为基本安全用具使用，即使用绝缘手套可直接在低压设备上进行带电作业。绝缘手套可使人的两手与带电物绝缘，防止同时触及不同极性带电体而触电。绝缘手套如图 1-3 所示。

14. 绝缘靴（鞋）的作用是什么?

答：绝缘靴（鞋）是在任何电压等级的电气设备上工作时，用来与地保持绝缘的辅助安全用具，也是防护跨步电压的基本安全用具。绝缘靴如图 1-4 所示。

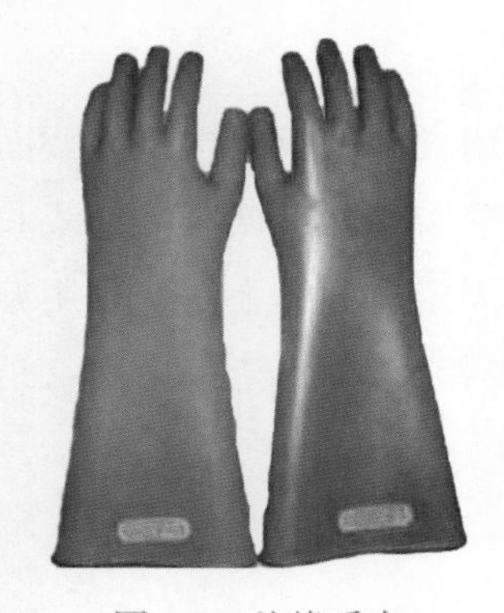

图 1-3　绝缘手套

图 1-4　绝缘靴

15. 安全帽的保护原理是什么?

答：安全帽对头、颈部的保护基于两个原理：

（1）使冲击载荷传递分布在整个头盖骨上，避免打击一点；

（2）头与帽顶空间位置构成能量吸收系统，可起到缓冲作用，因此可减轻或避免伤害。

安全帽保护原理如图 1-5 所示。

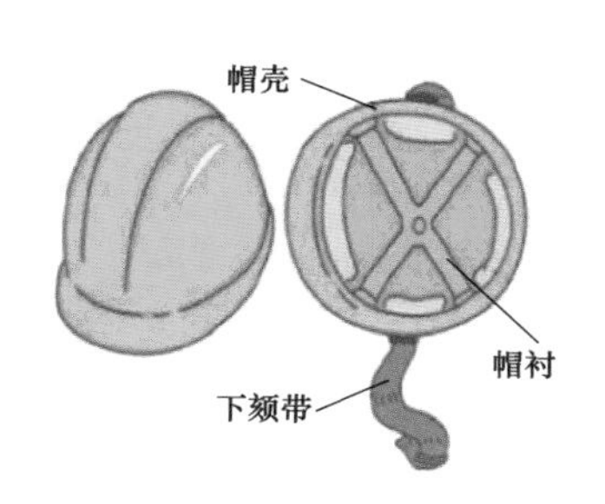

图 1-5　安全帽保护原理

16. 说明安全带的使用和保管注意事项。

答：（1）使用安全带前，必须做一次外观检查并做冲击试验，如发现破损、变质及金属配件断裂等情况，应禁止使用，平时不用时也应一个月做一次外观检查。

（2）安全带的挂钩或绳子应挂在结实牢固的构件或专为挂安全带用的钢丝绳上，并应采用高挂低用的方式，禁止低挂高用。

（3）作业过程中应随时检查安全带是否拴牢。高处作业人员在转移作业位置时不准失去安全保护。

（4）安全带使用和存放时应避免接触高温、明火和酸类物质，以及有锐角的坚硬物体和化学药物。

（5）安全带可放入低温水中，用肥皂轻轻擦洗，再用清水漂干净，然后晾干，不允许浸入热水中，以及在日光下曝晒或用火烤。

（6）安全带上的各种部件不得任意拆掉，安全带的试验周期为 1 年，不合格的不准使用。

17. 什么是安全距离?

答：安全距离是指在人与带电体之间、带电体与地面之间、带电体与其他设施、设备之间、带电体与带电体之间必须保持的最小距离。

18. 设置安全距离的目的是什么？安全距离的大小取决于什么?

答：设置安全距离的目的是：①防止人体触及或接近带电体造成触电事故；②防止车

辆或其他物体碰撞或过分接近带电体造成事故；③防止电气短路事故、过电压放电和火灾事故；④便于操作。

安全距离的大小取决于电压高低、设备类型、安装方式等因素。

19. 什么是保护接零?

答：将电气设备正常运行情况下不带电的金属外壳或构架与电网的中性线（零线）直接连接，用来防止间接触电，称作保护接零。保护接零如图 1-6 所示。

20. 触电对人体的伤害主要有哪两种?

答：触电对人体的伤害主要有电击和电伤两种。在高压触电事故中，电击和电伤往往同时发生。触电如图 1-7 所示。

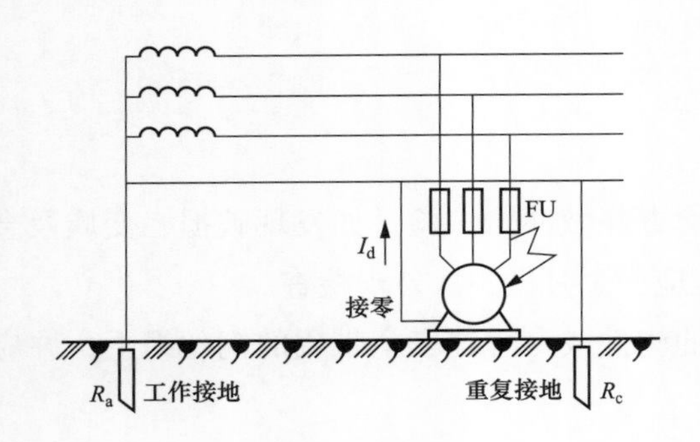

图 1-6　保护接零

图 1-7　触电

21. 什么是电击?

答：当人体直接接触带电体时，电流通过人体内部，对内部组织造成的伤害称为电击。电击是最危险的触电伤害，多数触电死亡事故是由电击造成的。

22. 造成电击有哪几种情况?

答：（1）当人体将要触及 1kV 以上的高压电气设备带电体时，高电压能将空气击穿，使其成为导体，这时电流通过人体而造成电击。

（2）低压单相（线）触电、两线触电会造成电击。

（3）接触电压和跨步电压触电会造成电击。

23. 什么是电伤?

答：电伤是指电流的热效应、化学效应及电刺击引起的生物效应对人体造成的伤害。

电伤往往在肌体上留下伤痕，严重时也可导致人的死亡。

24. 电伤可分为哪几类?

答：电伤可分为电灼伤、电烙印、皮肤金属化、电光眼、机械性损伤五种。

25. 电流对人体伤害的程度主要与哪些因素有关?

答：电流通过人体时，对人体伤害的严重程度与通过人体电流的大小、电流通过人体的持续时间、电流的频率、电压的高低、电流通过人体的途径以及人体状况等多种因素有关，而且各种因素之间有着十分密切的关系。

26. 电流通过人体最危险的途径是什么?

答：最危险的途径是从左手到胸部（心脏）到脚，如图 1-8 所示。

图 1-8　电流通过人体最危险的路径

27. 作用于人体的安全电流值是多少?

答：交流 50～60Hz，10mA 及直流 50mA 为人体的安全电流值。

28. 我国规定安全电压等级是什么?

答：我国规定安全电压等级为 42、36、24、12、6V 五个等级。当电气设备采用的电压超过安全电压时，必须按规定采取对直接接触带电体的保护措施。

29. 人体触电的基本方式有哪些?

答：人体触电的基本方式有直接触电（单相触电、两相触电）和间接触电（跨步电压触电、接触电压触电）。人体触电的基本方式如图 1-9 所示。

30. 紧急救护的基本原则是什么?

答：紧急救护的基本原则是在现场采取积极措施，保护伤员的生命，减轻伤情，减少痛苦，并根据伤情需要迅速与医疗急救中心（医疗部门）联系救治。紧急救护如图 1-10 所示。

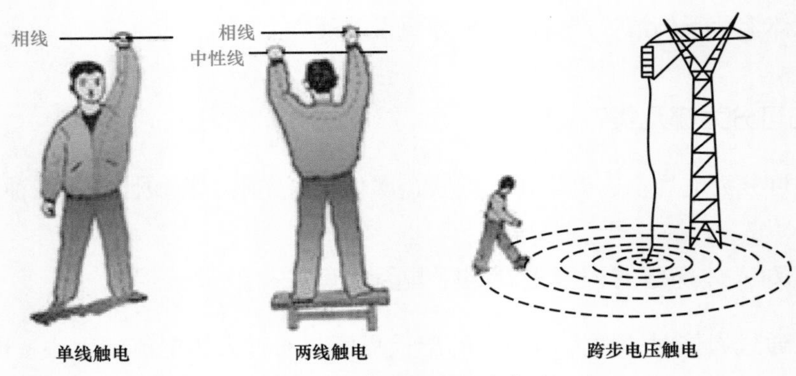

图 1-9　人体触电的基本方式

图 1-10　紧急救护

31. 现场工作人员应学会哪些急救技能?

答：现场工作人员都应定期接受培训，学会紧急救护法，会正确解脱电源、心肺复苏法，会止血、包扎、固定、转移搬运伤员，会处理急救外伤或中毒等。

32. 使触电者脱离低压电源的方法主要有哪些?

答：①切断电源；②割断电源线；③挑、拉电源线；④拉开触电者；⑤采取相应措施救护。触电者脱离低压电源的主要方法如图 1-11 所示。

图 1-11　触电者脱离低压电源的主要方法

33. 什么情况下应将触电者抬到空气新鲜、通风良好的地方躺下，安静休息，让他慢慢恢复正常?

答：触电者神志清醒、有意识，心脏跳动，但呼吸急促、面色苍白，或曾一度休克但

未失去知觉。此时不能用心肺复苏法抢救，应将触电者抬到空气新鲜、通风良好的地方躺下，安静休息 1～2h，让他慢慢恢复正常。

34. 什么情况下要对触电者进行口对口人工呼吸?

答：触电者神志不清，判断意识无，有心跳，但呼吸停止或极微弱时，应立即用仰头抬颏法，使气道开放，并进行口对口人工呼吸。人工呼吸如图 1-12 所示。

35. 什么情况下要对触电者施行心肺复苏法抢救?

答：触电者神志丧失，判定意识无，心跳停止，呼吸停止或极微弱时，应立即施行心肺复苏法抢救。心肺复苏法如图 1-13 所示。

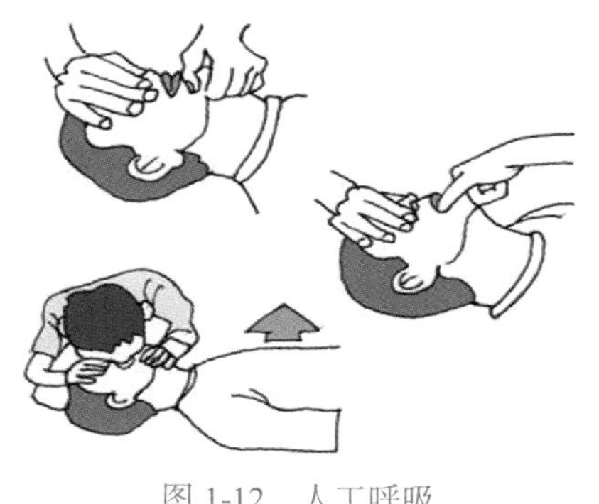

图 1-12　人工呼吸

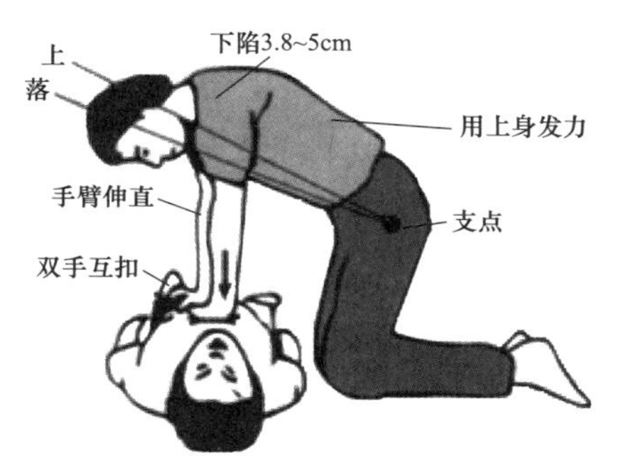

图 1-13　心肺复苏法

36. 如何判定伤员有无呼吸?

答：（1）看：看伤员的胸、腹壁有无呼吸起伏动作。

（2）听：用耳贴近伤员的口鼻处，听有无呼气声音。

（3）试：贴近伤员面部测试口鼻部有无呼气气流。

若无上述体征可确定无呼吸。一旦确定无呼吸后，立即进行两次人工呼吸。

37. 心肺复苏操作的时间要求是什么?

答：（1）0～5s：判断意识。

（2）5～10s：呼救并放好伤员体位。

（3）10～15s：开放气道，并观察呼吸是否存在。

（4）15～20s：口对口呼吸 2 次。

（5）20～30s：判断脉搏。

（6）30～50s：进行胸外心脏按压 30 次，并再人工呼吸 2 次，以后连续反复进行。

以上程序尽可能在 50s 以内完成，最长不宜超过 1min。

38. 创伤急救的原则是什么?

答：创伤急救原则上是先抢救、后固定、再搬运，并注意采取措施，防止伤情加重或污染。需要送医院救治的，应立即做好保护伤员措施后送医院救治。

39. 创伤急救成功的条件是什么?

答：创伤急救成功的条件是动作快、操作正确，任何延迟和误操作均可加重伤情，并可导致死亡。

40. 外出血的常用止血方法有哪几种?

答：①指压法；②包扎止血法（加压）；③填塞止血法；④止血带法；⑤加垫屈肢止血法。

41. 烧伤急救的基本原则是什么?

答：烧伤急救的基本原则是迅速脱离致伤源，立即冷疗，就近急救并转送医院。

图 1-14　中暑急救

42. 如何进行中暑急救?

答：中暑后应立即将病员从高温或日晒环境转移到阴凉通风处休息，用冷水擦浴、湿毛巾覆盖身体、电扇吹风或在头部放置冰袋等方式降温，并及时给病员口服盐水。严重者送医院治疗。中暑急救如图 1-14 所示。

43. 有害气体中毒有哪些症状?

答：气体中毒开始时有流泪、眼痛、呛咳、咽部干燥等症状，应引起警惕。稍重时会头痛、气促、胸闷、眩晕。严重时会引起惊厥昏迷。

44. 在哪些断路器（开关）、隔离开关（刀闸）及跌落式熔断器的操作处，应悬挂“禁止合闸，线路有人工作！”或“禁止合闸，有人工作！”的标示牌?

答：（1）一经合闸即可送电到工作地点的断路器（开关）、隔离开关（刀闸）及跌落式

熔断器；

（2）已停用的设备，一经合闸即可启动并造成人身触电危险、设备损坏，或引起剩余电流动作保护装置动作的断路器（开关）、隔离开关（刀闸）及跌落式熔断器；

（3）一经合闸会使两个电源系统并列，或引起反送电的断路器（开关）、隔离开关（刀闸）及跌落式熔断器。

标示牌悬挂位置如图 1-15 所示。

45. 在哪些地点应挂“止步，有电危险！”的标示牌?

答：（1）运行设备周围的固定遮栏上；

（2）施工地段附近带电设备的遮栏上；

（3）因电气施工禁止通过的过道遮栏上。

46. 在哪些场所应挂“禁止攀登，有电危险！”的标示牌?

答：（1）工作人员或其他人员可能误登的电杆或配电变压器的台架；

（2）距离线路或变压器较近，有可能误攀登的建筑物。

正确安装的标示牌如图 1-16 所示。

图 1-15　标示牌悬挂位置

图 1-16　正确安装的标示牌

47. 安全工器具的存放条件是什么?

答：安全工器具宜存放在温度为 -15～+35℃、相对湿度在 80% 以下、干燥通风的安全工器具室内。

48. 带电装表接电工作时，应采取防止哪些事故的安全措施?

答：应采取防止短路和电弧灼伤的安全措施。

49. 巡视时在什么情况下应穿绝缘鞋或绝缘靴?

答：在雷雨、大风天气或事故巡线时应穿绝缘鞋或绝缘靴。

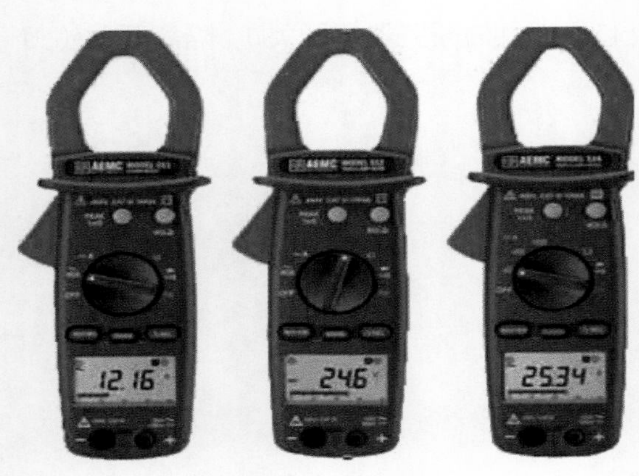
图 1-17　钳形电流表

50. 使用钳形电流表测量低压熔断器和水平排列低压母线电流时，测量前应做哪些工作?

答：注意不得触及其他带电部分，以免引起相间短路。钳形电流表如图 1-17 所示。

51. 巡线人员发现导线、电缆断落地面或悬挂空中，应怎样处理?

答：应设法防止行人靠近断线地点 8m 以内，以免跨步电压伤人，并迅速报告调度和上级，等候处理。

52. 测量带电线路导线的垂直距离（导线弧度、交叉跨越距离），可使用哪些工具?

答：可使用测量仪或使用绝缘测量工具测量。严禁使用皮尺、普通绳索、线尺等非绝缘工具进行测量。

53. 使用潜水泵应重点检查哪些项目?

答：①外壳不准有裂纹、破损；②电源线绝缘完好、无老化破损；③电源开关动作应正常、灵活；④机械防护装置应完好；⑤电气保护装置应良好；⑥校对电源的相位，通电检查空载运转，防止反转。

54. 安全帽的使用寿命有多长?

答：从制造之日起，塑料帽的使用寿命不大于 2.5 年，玻璃钢帽的使用寿命不大于 3.5 年。

55. 遇有电气设备着火时，应怎样处理?

答：电气设备着火时应立即将有关设备的电源切断，然后进行救火。

56. 对电气设备着火，应使用什么灭火器?

答：应使用干式灭火器、二氧化碳灭火器、1211 灭火器、四氯化碳灭火器等；对停电的注油设备应使用干燥的沙子或泡沫灭火器等灭火。在室外使用灭火器时，使用人员应站在上风侧。

57. 办公电脑“三禁止”是什么?

答：①禁止私自将带上网功能的设备（上网卡、手机等）与办公计算机连接上网；②禁止私自重装操作系统；③禁止私自更改操作系统。

58. 办公电脑“六必须”是指什么?

答：①必须安装桌面终端系统；②必须安装杀毒软件；③用户名及工作组必须设置为使用人及所在部门；④密码必须设置为 8 位以上复杂口令（字母、数字、符号混合）；⑤故障时必须由信息中心送厂家维修，防止信息泄密；⑥必须使用专用安全移动存储介质进行内外网信息交换。

59. 使用办公电脑应注意避免的事项有哪些?

答：违规外联，更改 IP，资料虚假，文件外存、外带、外发，共享文件未加密，弱口令，密码外泄，密码共享，无屏幕保护，邮件未清理并随意打开邮件，数据未备份，数据未清理，外单位维修，打印机混用，未安装杀毒软件与补丁更新。

60. 在使用信息外网终端处理社会邮箱邮件时，应避免在邮件标题、正文、附件标题、附件内容四个位置出现哪些敏感信息（词）?

答：敏感信息（词）包括但不限于：二次系统安全防护、安全保卫、安全性测评、同业对标、体制改革、纪要、会议记录、法律纠纷、电价调整、薪酬、决算报告、预算报告、稽核报告、中标价格、标底、自动化系统、内部事项、内部资料、综合计划、秘密、机密、绝密、法轮功、方案、规划、商密、商业秘密、预算、概算、投资、招标、投标等词汇。

第2章 电工基础知识

1. 什么叫电路?

答：电路就是电流流通的路径。

2. 电路有哪些基本组成部分?

答：无论是简单电路还是复杂电路，都由电源、负载、连接导体、控制电器四个基本部分组成。电路的基本组成如图 2-1 所示。

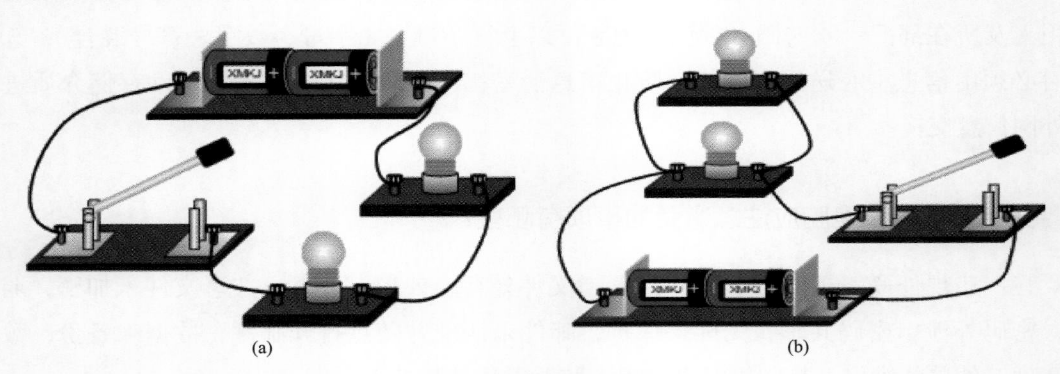

图 2-1 电路的基本组成

（a）负载串联；（b）负载并联

3. 电路有哪几种工作状态?

答：电路通常有通路、断路和短路三种工作状态。

4. 欧姆定律的内容是什么?

答：欧姆定律指通过某导体中的电流 I 与加在该导体两端的电压 U 成正比，即 $U=IR$；电流 I 与该导体的电阻 R 成反比，即 $I=U/R$。

5. 电流的方向如何规定?

答：规定正电荷运动的方向为电流的方向，这个方向也称为电流的实际方向。

6. 电压的方向如何规定?

答：规定由高电位到低电位的指向为电压的方向，这个方向也称为电压的实际方向，所以，电压也称为电位降或电压降。

7. 什么叫电位?

答：电路中某点的电位就是该点与参考点（零电位点）之间的电势差数值。

8. 在电力工程中参考点怎么选择?

答：电路中电位参考点可以任意选定，但在电力工程中常取大地为参考点。

9. 什么叫电阻?

答：导体对电流的阻碍作用称为导体的电阻。

10. 金属导体的电阻值怎么随温度变化?

答：随着温度的上升，金属导体的电阻要增大。

11. 什么是线性电阻元件?

答：线性电阻元件的电压与电流值成正比例关系，即其伏安特性曲线是一条直线。

12. 什么叫电阻的串联?

答：若干个电阻依次连成一串，通过同一电流的连接方式称为电阻的串联。

13. 电阻串联时，等效电阻怎么确定?

答：电阻串联时，其等效电阻等于各个电阻之和。

14. 什么叫串联分压?

答：串联的各电阻两端的电压与其阻值成正比。电阻越大，分得的电压越大。

15. 电阻串联时，各电阻消耗的功率与其阻值有何关系?

答：电阻串联时，电阻上消耗的功率与各电阻值的大小成正比。

16. 什么叫电阻的并联?

答：若干个电阻接在同一对节点上，承受同一电压的连接方法称为电阻的并联。

17. 电阻并联时，等效电阻与各支路电阻有何关系?

答：电阻并联时，等效电阻的倒数等于各个并联支路电阻的倒数之和。

18. 电阻并联时，各电阻流过的电流与其阻值有何关系?

答：电阻并联时，电流的分配与其阻值成反比。电阻越大，通过的电流越小。

19. 电阻并联时，各电阻消耗的功率与其阻值有何关系?

答：电阻并联时，电阻上消耗的功率与各电阻值的大小成反比。

20. 什么叫电阻的混联（复联）?

答：电路中各电阻既有串联，又有并联的连接方式称为混联（复联）。

21. 什么叫电功率?

答：在电路中单位时间内电流所做的功称为电功率。功率的单位是瓦或千瓦。

22. 基尔霍夫电流定律（KCL）的内容是什么?

答：基尔霍夫电流定律（KCL）的内容为：对任一节点，在任何时刻，连接于该节点的各支路电流的代数和等于零。

23. 基尔霍夫电压定律（KVL）的内容是什么?

答：基尔霍夫电压定律（KVL）的内容为：对任一回路，在任何时刻，沿该回路各段电压的代数和等于零。

24. 什么叫磁性?

答：在物理学中，把能吸引铁、钴、镍等物质的性质叫作磁性。

25. 什么是磁力线?

答：为了形象直观地描述磁场而人为画出的几何曲线称为磁力线。如图 2-2 所示。

26. 通电直导体周围的磁场方向如何判定?

答：通电线圈周围的磁场方向可用安培定则（右手螺旋定则）判定：用右手握住导线，让伸直的大拇指指向电流的方向，则弯曲的四指所指的方向就是磁力线环绕的方向，即磁场方向，如图 2-3 所示。

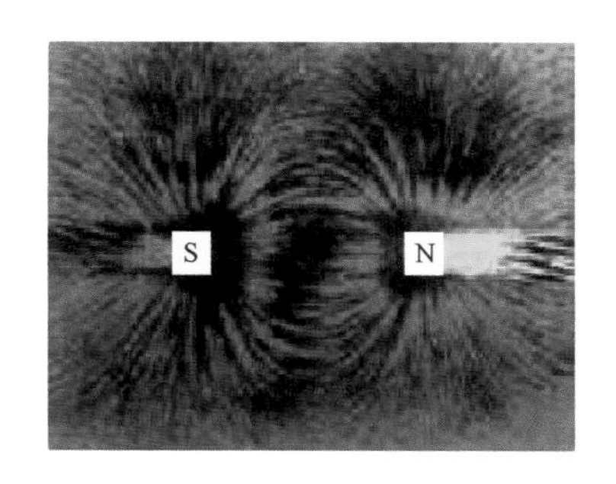

图 2-2　磁力线

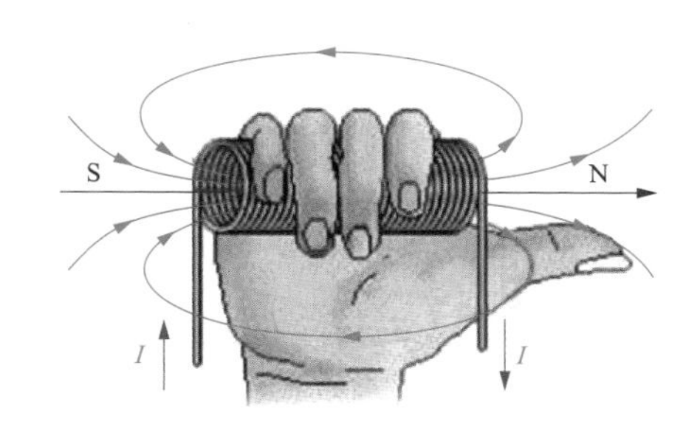

图 2-3　安培定则

27. 什么是左手定则?

答：左手定则是用于确定电磁力、电流及磁场三者方向的：将左手手掌平伸，让拇指与四指垂直，掌心迎着磁力线的方向使磁力线垂直穿过掌心，四指指向电流方向，则大拇指所指的方向就是磁场的方向。左手定则如图 2-4 所示。

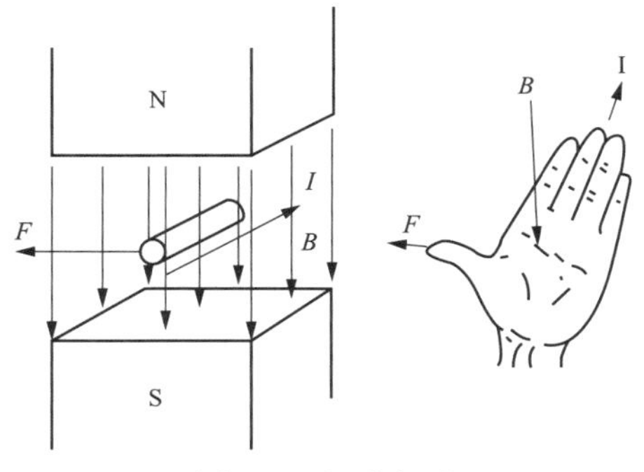

图 2-4　左手定则

28. 什么叫作电磁感应?

答：变化的磁场能在导体回路中产生电动势，这种现象叫作电磁感应。

29. 直导体中产生感应电动势的条件是什么?

答：导体在磁场中做切割磁力线运动是直导体产生感应电动势的唯一条件。

30. 如何确定直导体中感应电动势的方向?

答：直导体中感应电动势的方向可由右手定则确定：将右手手掌平伸，让拇指与四指

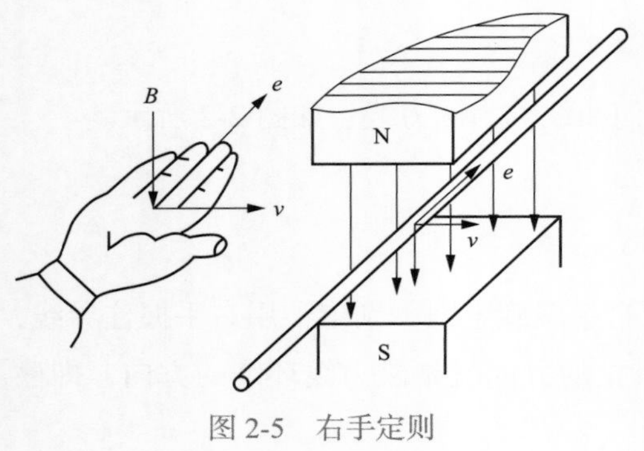

图 2-5　右手定则

垂直，掌心迎着磁力线的方向使磁力线垂直穿过掌心，大拇指指向导体运动方向，则四指所指的方向就是感应电动势的方向，如图 2-5 所示。

31. 线圈中产生感应电动势的条件是什么?

答：穿过线圈的磁通发生变化是线圈中产生感应电动势的唯一条件。

32. 楞次定律的内容是什么?

答：由线圈中的感应电流所产生的磁通，其方向总是力图阻碍原有磁力线的变化。这个规律称为楞次定律。

33. 什么是自感现象?

答：由于线圈自身的电流发生变化而在线圈中产生感应电动势的现象，称为自感现象。

34. 什么是互感现象?

答：两个线圈靠得很近，当一个线圈中通过电流时，它所产生的磁通有一部分要穿过另一个线圈，此时就会在另一个线圈中产生感应电动势，这种现象称为互感现象。

35. 什么是正弦交流电?

答：电压、电流、电动势等的大小和方向均按正弦波形状周期性变化的叫正弦交流电。

36. 什么是交流电的周期?

答：交流电变化一周所需的时间称为周期。

37. 什么是交流电的频率?

答：交流电在 1s 内变化的周数称为频率，我国的交流电频率为 50Hz。

38. 什么是正弦交流电的三要素?

答：最大值、角频率和初相位称为交流电的三要素。

39. 功率因数过低有哪些危害?

答：功率因数偏低会给电力系统带来下面两方面不良后果：

（1）电源设备的容量不能充分利用；

（2）增加送、配电线路的电能损耗和电压损失。

40. 什么是相位差?

答：两个相同频率的正弦量的相位之差叫相位差，相位差等于初相位之差。相位差如图 2-6 所示。

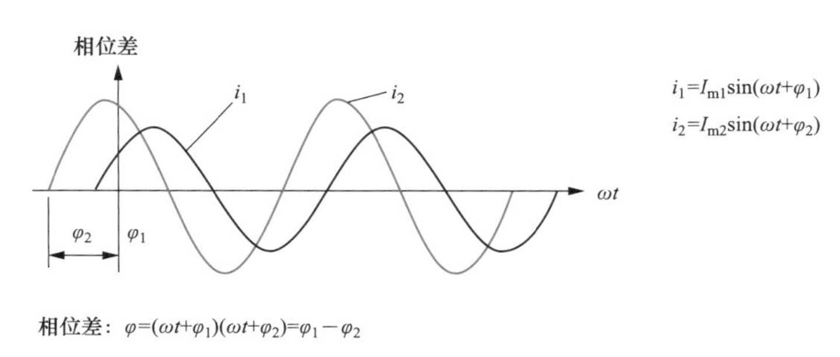

图 2-6　相位差

41. 什么是中性点?

答：三相电源为星形连接时，三相电源绕组的末端连在一起，成为一个公共端点，称为中（性）点。

42. 为什么中性线不允许开路?

答：如果三相四线制供电系统的中性线因事故断开，则当各相负载不对称时，势必引起各相电压的畸变，破坏各相负载的正常运行，而实际负载大多是不对称的，所以中性线不允许开路。

43. 什么是相电压和线电压?

答：电源每一相绕组的首端与末端之间的电压称为相电压；两根相线（火线）之间的电压称为线电压。

44. 什么是无功功率?

答：电工学中把电感元件和电容元件这些储能元件与电源交换功率的最大值（即交换

能量的最大速率）定义为无功功率。

45. 电阻元件、电感元件和电容元件哪些是耗能元件，哪些是储能元件?

答：电阻元件为耗能元件，电感元件和电容元件为储能元件。

46. 什么是视在功率，单位是什么?

答：电路的端电压和电流有效值的乘积称为视在功率，单位为 kVA。

47. 什么是功率因数?

答：功率因数是有功功率与视在功率的比值。

48. 什么叫相序?

答：三相交流电依次出现最大值（或零值）的先后次序称为相序。

49. 什么是涡流?

答：当带铁芯线圈通以变化的电流时，在铁芯内要产生变化的磁通，这个变化的磁通在铁芯内会产生感应电动势。由于铁芯是导电材料，所以在感应电动势的作用下，铁芯中也会产生感应电流，这个感应电流围绕着磁力线是自称闭合回路的旋涡状环流，因此铁芯产生的这种感应电流称为涡流。涡流的产生如图 2-7 所示。

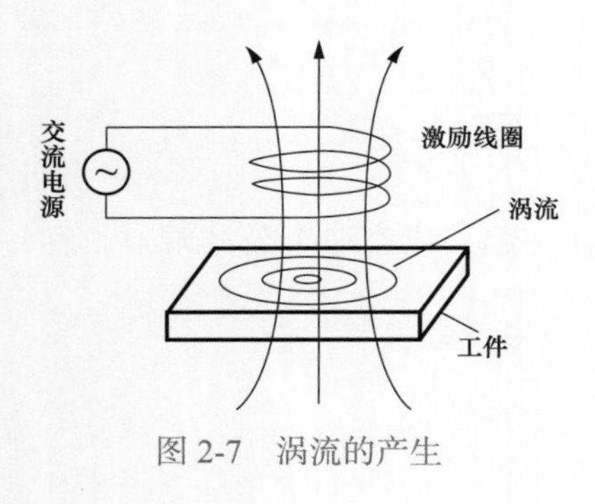

图 2-7　涡流的产生

50. 电力系统中为何需要投入电容器?

答：电力系统中的负载大部分是感性的，依靠磁场传送能量，因此这些设备在运行过程中不仅消耗有功功率，而且需一定量的无功功率。这些无功功率如由发电机供给，将影响发电机的有功出力，对电力系统也会造成电能损失和电压损失，设备利用率也相应降低。因此要采取措施提高电力系统的功率因数，补偿无功损耗，这就需要投入电容。无功补偿方式如图 2-8 所示。

51. 什么叫变压器的不平衡电流？有何影响?

答：变压器不平衡电流是由负载造成的，三相分配不均匀使三相负载不对称，使三相

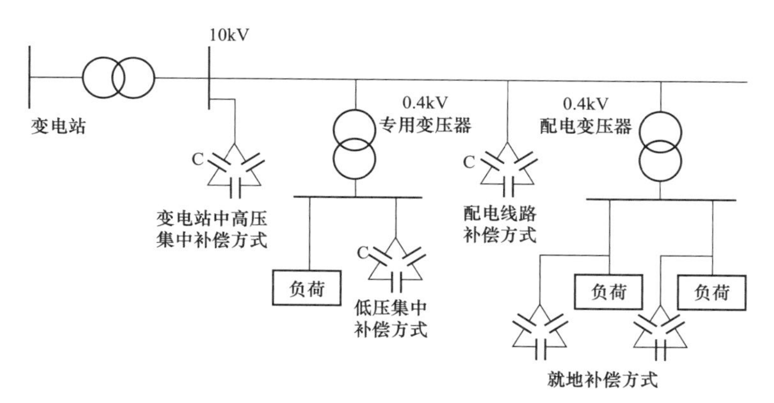

图 2-8　电力系统无功补偿方式

电流不对称，影响三相阻抗压降不对称、二次侧三相电压也不对称。这对变压器和电器设备均为不利，更重要的是 Yyno 接线变压器，零线将出现电流，使中性点产生位移，其中电流大的一相电压下降，其他两相电压上升，严重时会烧坏设备。

52. 母线为什么要涂相色漆？涂色有什么规定？

答：涂相色漆既可以增加热辐射能力，也便于区分母线的相别及直流母线的极性，同时还能防止母线腐蚀。

按规定，三相交流母线 U 相涂黄色、V 相涂绿色、W 相涂红色；中性线不接地的涂紫色，接地的涂黑色。

53. 交流接触器有何用途？

答：（1）控制电动机的运转，即远距离控制电动机启动、停止、反向；

（2）控制无感和微感电力负荷；

（3）控制电力设备（如电容器和变压器等）的投入与切除。

交流接触器的使用如图 2-9 所示。

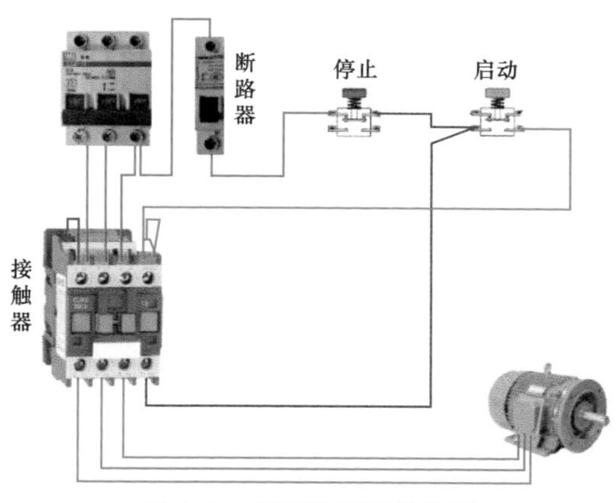

图 2-9　交流接触器的使用

第3章 仪器仪表的使用

1. 电压表与电流表的使用有何区别?

答：电压表内阻很大，使用时与被测支路并联，可测该支路的电压；电流表内阻很小，使用时与被测支路串联，用来测该支路的电流。电压表与电流表的使用如图 3-1 所示。

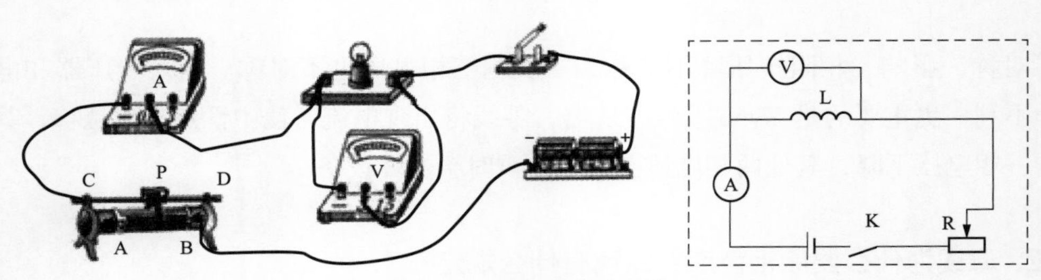

图 3-1 电压表与电流表的使用

2. 什么叫电工仪表?

答：测量电压、电流、功率、频率、电能、电阻、电容等电气量或电气参数的仪表统称电工仪表。电工仪表如图 3-2 所示。

3. 使用钳形电流表时应注意什么问题?

答：（1）选择合适的量程；

（2）测量时将被测载流导线尽可能放在钳口内中心位置，并保持钳口结合面接触良好；

（3）测量时钳口只能夹一根载流导线；

（4）每次测完应将量程开关放在最大挡位。

钳形电流表的使用如图 3-3 所示。

4. 绝缘电阻表的作用是什么?

答：绝缘电阻表俗称摇表，可用来测量最大电阻值、绝缘电阻、吸收比以及极化指数等。

5. 使用绝缘电阻表测量绝缘电阻前应做什么准备工作?

答：（1）正确选择绝缘电阻表的电压等级；

图 3-2　电工仪表

图 3-3　钳形电流表的使用

（2）必须切断被测设备的电源，并使设备对地短路放电；

（3）将被测物表面擦干净；

（4）将绝缘电阻表安放平稳；

（5）测量前对绝缘电阻表进行检查。

第 2 篇　配电业务技能及实操

第4章 配 电 线 路

1. 什么是配电线路？根据电压等级划分配电线路分为哪几种？

答：由电力负荷中心向各个电力用户分配电能的线路称为配电线路。

根据电压等级的不同，将35～110kV电压等级的线路称作高压配电线路，将6～20kV电压等级的线路称作中压配电线路，将1kV以下电压等级线路称作低压配电线路。高压配电线路如图4-1所示，配电台区如图4-2所示。

图4-1　高压配电线路

图4-2　配电台区

2. 架空配电线路的主要部件及其作用是什么？

答：架空配电线路的主要部件有导线、避雷线、金具、绝缘子、杆塔、拉线、基础及接地装置。

（1）导线的作用是传输电流、输送电能；

（2）避雷线悬挂于杆塔的顶部，可以减少雷击导线的概率；

（3）金具在架空线路中主要用于支持、固定、接续导线及绝缘子连接成串，也用于保护导线和绝缘体；

（4）绝缘子用以支承或悬挂导线使之与杆塔绝缘，保证线路具有可靠的电气绝缘强度；

（5）杆塔对导线、绝缘子等构件起支持作用，并使导线对地和交叉跨越物之间保持足够的安全距离；

（6）拉线用以平衡杆塔所受到的不平衡力，保持杆塔的稳定；

（7）基础是将杆塔固定在地面上，以保证杆塔不发生倾斜、歪倒、下沉等；

（8）接地装置在线路遭遇雷击时将雷电流导入大地，减少雷击跳闸率。

配电线路如图 4-3 所示，配电线路主要部件如图 4-4 所示。

图 4-3　配电线路

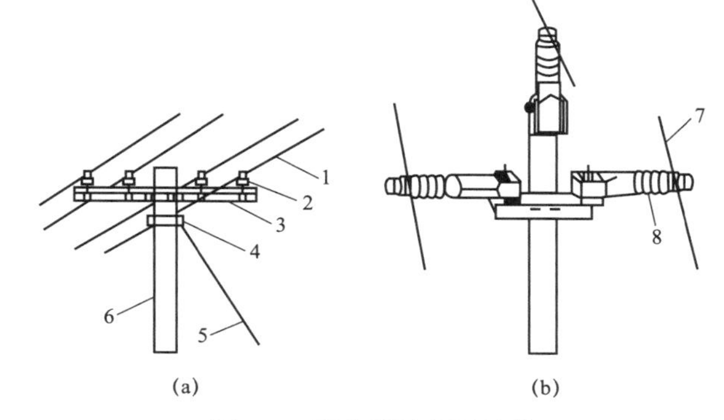

图 4-4　配电线路主要部件

（a）低压架空线路；（b）高压架空线路

1—导线；2—绝缘子；3—横担；4—金具；5—拉线；6—电杆；7—高压导线；8—瓷横担绝缘子

3. 架空配电线路常用的导线有哪几种?

答：架空配电线路使用较多的导线有钢芯铝绞线、钢芯铝合金绞线、铝绞线、铝合金绞线、铜绞线、镀锌钢绞线和绝缘导线。钢芯铝绞线如图 4-5 所示，钢芯铝合金绞线如图 4-6 所示，铜绞线如图 4-7 所示。

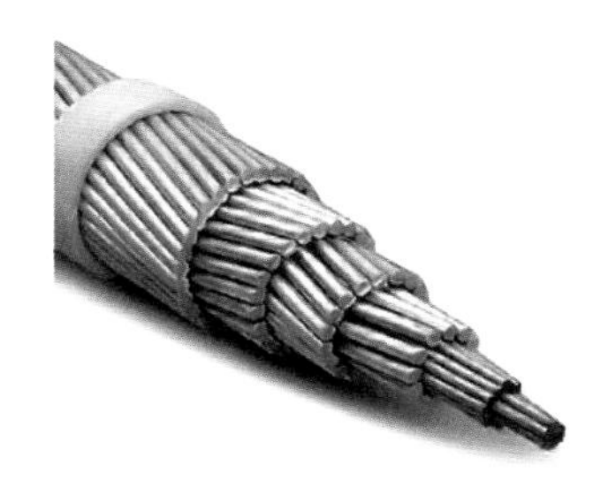

图 4-5　钢芯铝绞线

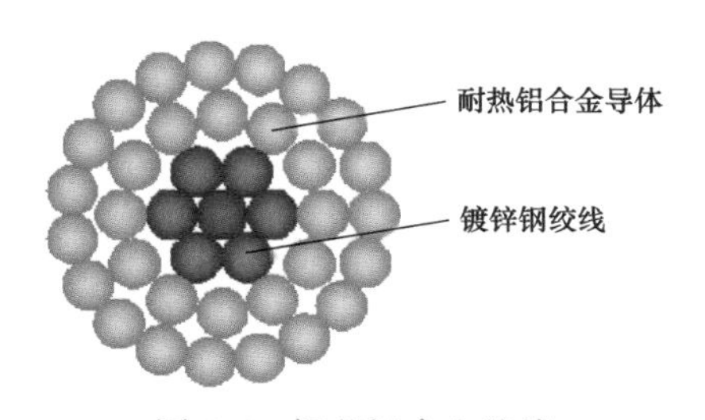

图 4-6　钢芯铝合金绞线

图 4-7　铜绞线

4. 架空配电线路绝缘导线是怎样分类的?

答：架空配电线路绝缘导线按电压等级可分为中压绝缘导线、低压绝缘导线；按架设方式可分为分相架设、集束架设。绝缘导线的类型有中、低压单芯绝缘导线，低压集束型绝缘导线，中压集束型半导体屏蔽绝缘导线，中压集束型金属屏蔽绝缘导线等。

5. 架空配电线路绝缘导线采用的绝缘材料有哪些？这些材料具有哪些性能？

答：目前户外绝缘导线所采用的绝缘材料一般为黑色耐气候型的交联聚乙烯、聚乙烯、高密度聚乙烯、聚氯乙烯等。这些绝缘材料一般具有较好的电气性能、抗老化及耐磨性能等，暴露在户外的材料添加有 1% 左右的炭黑，以防日光老化。

6. 单芯中、低压绝缘导线的结构和性能有哪些？

答：中、低压架空绝缘线路一般采用单芯绝缘导线、分相架设方式，其架设方法与裸导线的架设方法基本相同。中压线路相对低压线路遭受雷击的概率较高，因此中压绝缘导线还需考虑采取防止雷击断线的措施。低压绝缘导线为直接在线芯上挤包绝缘层，其结构如图 4-8 所示。中压绝缘导线是在线芯上挤包一层半导体屏蔽层，在半导体屏蔽层外挤包绝缘层，生产工艺为两层共挤、同时完成，其结构如图 4-9 所示。绝缘导线的线芯一般采用经紧压的圆形硬铝（LY8 或 LY9 型）、硬铜（TY 型）或铝合金导线（LHA 或 LHB 型）。常用 10kV 绝缘导线的主要技术参数见表 4-1。

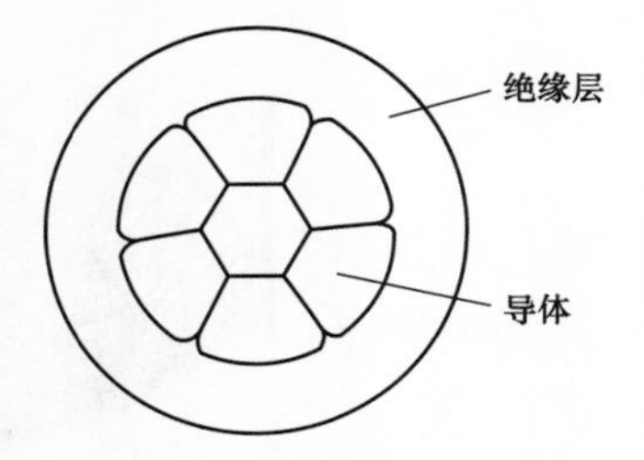

图 4-8　低压绝缘导线结构图

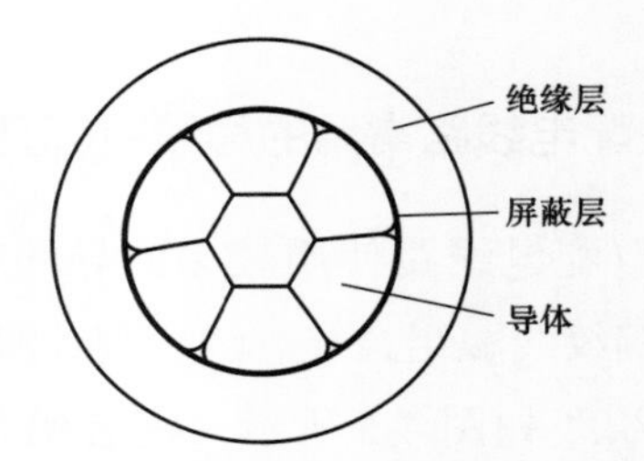

图 4-9　中压绝缘导线结构图

表 4-1　**常用 10kV 绝缘导线的主要技术参数**

导体标称截面（mm^2）	导体参考直径（mm）	导体屏蔽层最小厚度（mm）	绝缘层标称厚度（mm）		20℃导体电阻（不大于，Ω/km）				导线拉断力（不小于，N）		
			薄绝缘	普通	硬铜芯	软铜芯	铝芯	铝合金芯	硬铜芯	铝芯	铝合金芯
35	7.0	0.5	2.5	3.4	0.540	0.524	0.868	1.007	11731	5177	8800
50	8.3	0.5	2.5	3.4	0.399	0.387	0.641	0.744	16502	7011	12569
70	10.0	0.5	2.5	3.4	0.276	0.268	0.443	0.514	23461	10354	17596
95	11.6	0.6	2.5	3.4	0.199	0.193	0.320	0.371	31759	13727	23880
120	13.0	0.6	2.5	3.4	0.158	0.153	0.253	0.294	39911	17339	30164
150	14.6	0.6	2.5	3.4	0.128	—	0.206	0.239	49505	21003	37706

7. 低压集束型绝缘导线的结构和性能有哪些？

答：低压集束型绝缘导线可分为承力束承载、中性线承载和整体自承载三种方式，如图 4-10～图 4-12 所示。整体自承载的低压集束型绝缘导线的线芯采用经紧压的硬铝、硬铜或铝合金导线做线芯。采用承力束或裸中性线承载的低压集束型绝缘导线，相线可以采用未经紧压的软铜芯做线芯。低压并行绝缘接户线如图 4-13 所示。压板夹住导线后，挂钩勾在横担上，引接简便，适用于较小的用电负荷，可减少占用空间走廊，有利于布线整洁。

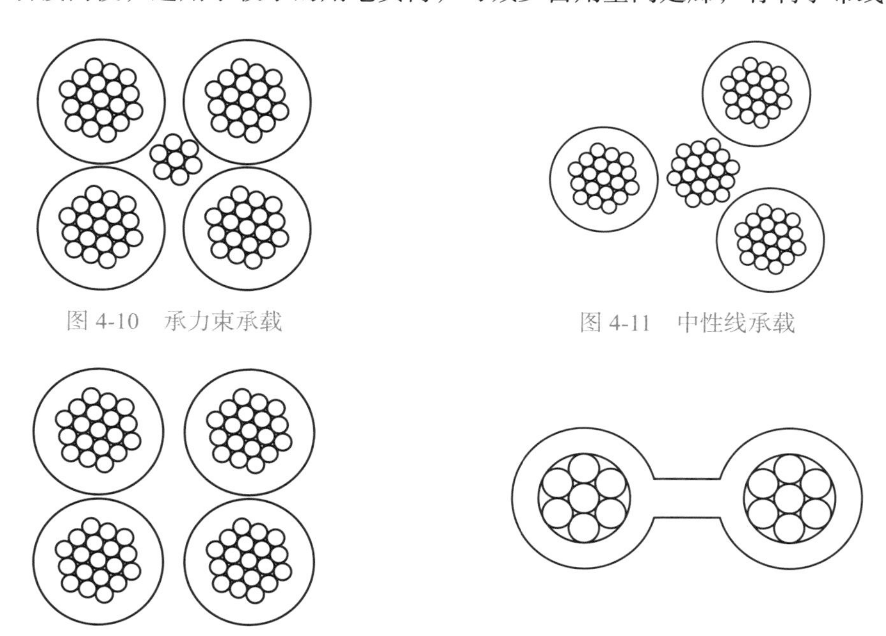

图 4-10　承力束承载

图 4-11　中性线承载

图 4-12　整体自承载

图 4-13　低压并行绝缘接户线结构图

8. 中压集束型绝缘导线的结构和性能有哪些？

答：中压集束型绝缘导线（HV-ABC 型）可分为金属屏蔽绝缘导线、集束型半导体屏蔽两种类型。中压集束型金属屏蔽绝缘导线一般带承力束，如图 4-14 所示；中压集束型半导体屏蔽绝缘导线可分为承力束承载和自承载两种类型，如图 4-15 所示。

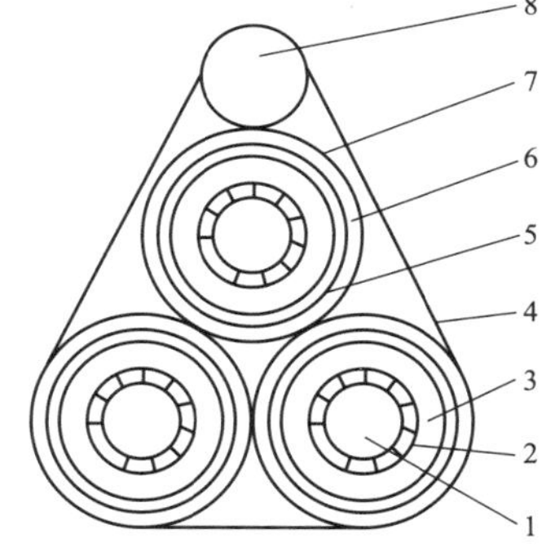

图 4-14　中压集束型金属屏蔽绝缘导线

1—导线；2—半导体绝缘内屏蔽；3—绝缘体；4—绕扎线；5—半导体绝缘外屏蔽；6—集束屏蔽；7—外护套；8—承力束

9. 对导线材料有哪些要求？

答：（1）导线材料应具有较高的导电性能；

（2）耐热性能好（热稳定性好）；

（3）机械强度高，柔韧性好；

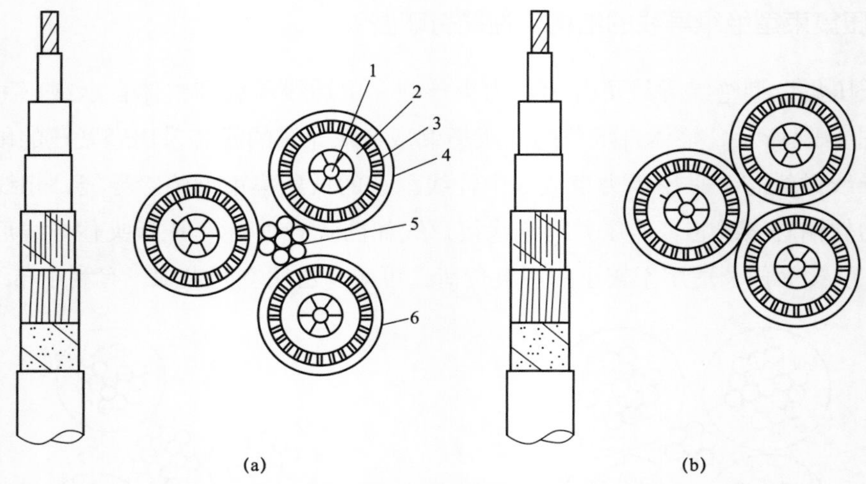

图 4-15　中压集束型半导体屏蔽绝缘导线

（a）承力束承载；（b）自承载

1—导体；2—半导体绝缘内屏蔽；3—绝缘体；4—半导体绝缘外屏蔽；5—承力束；6—外护套

（4）抗腐蚀能力强；

（5）耐振性能好，耐磨损；

（6）质量轻、价格低。

10. 同杆架设多回路时，各层横担间的距离有什么要求?

答：同杆架设多回路时，各层横担间的垂直距离与线路电压有关。其数值不得小于表 4-2 所列数值。

表 4-2　　同杆架设线路横担之间的最小垂直距离　　m

电压	杆型	
	直线杆	分支和转角杆
10kV 之间	0.80	0.45/0.60*
10kV 与 1kV 以下	1.20	1.00
1kV 以下与 1kV 以下	0.60	0.30

* 转角或分支线如为单回线，则分支线横担距主干线横担为 0.6m：如为双回线，则分支线横担距上排主干线横担为 0.45m，距下排主干线横担为 0.6m。

11. 配电线路拔梢杆的埋深应如何确定?

答：拔梢杆的埋深 h 可利用下面公式进行计算：$h=L/10+0.7$（L 为杆长），现场一般经验埋深为杆高的 1/6。

12. 什么是导线的弧垂？弧垂的大小与哪些因素有关？

答：导线弧垂是指导线悬挂曲线上任意一点至两侧悬挂点连线的竖直面内的距离。若不特别指明，工程中所说的弧垂都是指档距中点的弧垂，导线弧垂如图 4-16 所示。

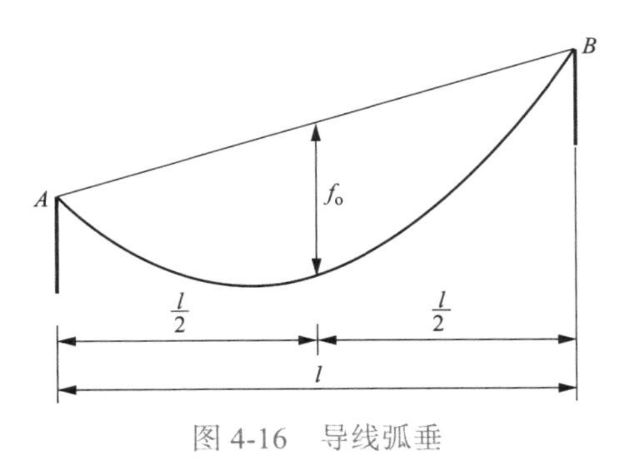

图 4-16　导线弧垂

导线弧垂的大小主要受下列三种因素的影响：

（1）导线的应力（单位截面导线的内力称为应力）。导线的弧垂与导线的应力成反比关系，导线的应力越大弧垂越小，导线的应力越小弧垂越大。

（2）档距的大小。当导线的应力相同时，弧垂与档距的平方成正比，档距越大弧垂也越大。

（3）温度和荷载。在同一档距中，由于温度变化导致导线热胀冷缩，引起线长和弧垂的变化；由于作用在导线上的外部载荷变化（比如风、覆冰作用）使得导线的弧垂发生变化，外部荷载越大，导线的弧垂越大。

13. 弧垂过大和过小有何危害？

答：弧垂过大或过小均会影响线路的安全运行。

（1）弧垂过大，大风或短路故障时在电动力的作用下，可能容易造成导线摆动过大而发生混联短路。弧线过大也使导线下方交叉跨越的线路和其他的道路、管路等的距离减少，也容易发生事故。

（2）弧垂过小，使导线承受应力过大，一旦超过导线的允许应力，就会造成导线断线，甚至倒杆事故。

14. 引起架空线路导线弧垂变化的原因有哪些？

答：（1）导线的初伸长（新架线路）；

（2）气温的变化；

（3）耐张杆塔的位移或变形；

（4）杆塔拉线的松动或横担的扭转；

（5）覆冰等引起的机械荷载变化；

（6）线路长期满负荷或过负荷运行；

（7）线材长期运行后的疲劳引起的塑性变形。

15. 根据杆塔在架空配电线路中的受力和作用，可将杆塔分为哪几种？

答：根据杆塔在架空配电线路中的受力和作用，可将杆塔分为直线、耐张、转角、终端、换位、跨越六种，杆塔的种类如图 4-17 所示。

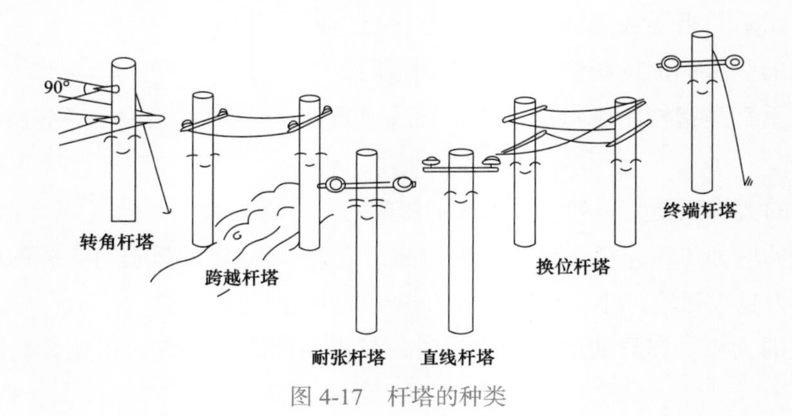

图 4-17　杆塔的种类

16. 什么是预应力钢筋混凝土电杆？它有哪些优缺点？

答：预应力钢筋混凝土电杆是在电杆浇注时先将钢筋施行预拉，使混凝土在承载前就受到一个预压应力，预应力钢筋混凝土电杆如图 4-18 所示。

图 4-18　预应力钢筋混凝土电杆

优点：当电杆承载时，受拉区的混凝土所受的拉应力与预压应力部分抵消而不致产生裂缝，从而使钢筋不易腐蚀，以解决混凝土杆受拉强度比受压强度低很多的不足，可提高钢筋混凝土杆的抗拉能力，使钢筋充分发挥作用，在相同的检验弯矩下配置的钢筋质量比普通钢筋混凝土电杆要轻，造价低。

缺点：受汽车等外力碰撞冲击容易脆断，立杆倾斜矫正时应避免过力。

17. 水泥杆根据结构形状可分为哪两种？

答：水泥杆按照形状分为拔梢杆和等径杆。配电线路上使用最多的为拔梢杆，也称锥形杆。拔梢杆如图 4-19 所示，等径杆如图 4-20 所示。

图 4-19　拔梢杆

图 4-20　等径杆

18. 拔梢杆锥度的含义是什么?

答：环形混凝土拔梢杆的锥度均为 1/75，是指沿杆轴线每变化 75 个单位，电杆的外径变化 1 个单位，即杆长每变化 1m 外径变化 13.3mm。

19. 拔梢混凝土电杆的重心如何计算?

答：拔梢混凝土电杆的重心简便计算方法为重心（m）=0.4× 杆身长（m）+0.5（m）。例如，10m 拔梢混凝土电杆的重心在距杆根的 4.5m 处。

20. 对配电线路的杆号有何规定?

答：线路上的每基杆、塔应有统一的标志牌。靠道路附近的电杆应统一写在道路侧；田地里的电杆应统一写在面向电源的右侧，一条线路的标志牌基本在一侧。

21. 架空配电线路上常用的绝缘子有哪几种?

答：架空配电线路常用的绝缘子有针式绝缘子、悬式绝缘子、蝶式绝缘子、棒式绝缘子（瓷横担）、合成绝缘子，各种绝缘子如图 4-21～图 4-25 所示。

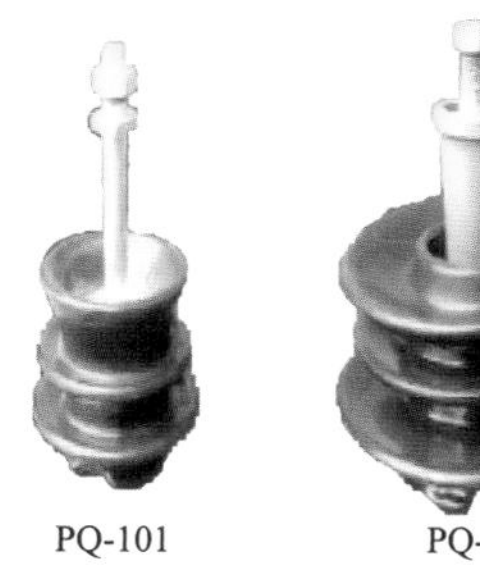

图 4-21　针式绝缘子

图 4-22　悬式绝缘子

图 4-23　蝶式绝缘子

图 4-24　棒式绝缘子（瓷横担）

22. 对配电线路上的绝缘子有什么要求?

答：配电线路上的绝缘子应具有足够的绝缘强度；具有足够的机械强度；对化学杂质的侵蚀有足够的抗御能力；能适应周围大气的变化。针式绝缘子如图 4-26 所示。

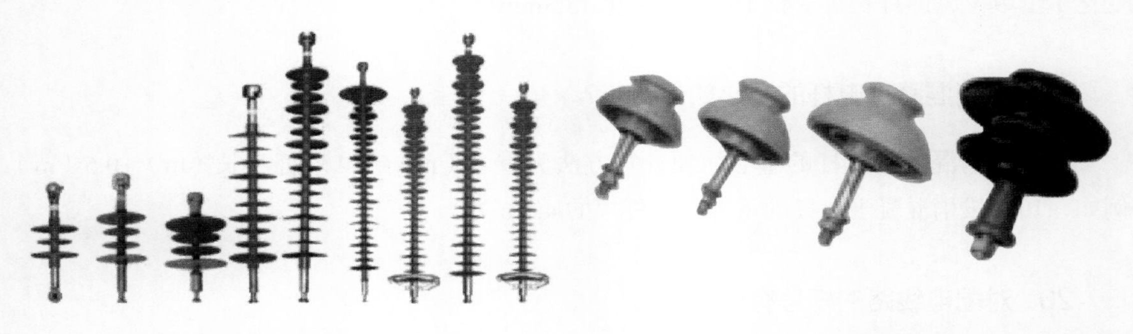

图 4-25　合成绝缘子

图 4-26　针式绝缘子

23. 绝缘子在安装前应做哪些检查?

答：(1) 绝缘子在安装前应逐个清污并做外观检查，抽测率不少于 5%；

(2) 绝缘子的铁脚与瓷件应结合紧密，铁脚镀锌良好，瓷釉表面光滑，无裂纹、缺釉、破损等缺陷；

(3) 绝缘子用不低于 2500V 绝缘电阻表摇测 1min 后的稳定绝缘电阻，其值不应小于 20MΩ。

24. 合成绝缘子的材料构成及其特点是什么？

答：合成绝缘子芯棒由环氧树脂玻璃纤维棒制成，并以硅橡胶为基本绝缘体。环氧树脂玻璃纤维棒抗拉机械强度相当高，为普通钢材抗拉强度的 1.6～2.0 倍，高强度瓷的 3～5 倍；硅橡胶绝缘伞裙具有良好的耐污闪性能。合成绝缘子如图 4-27 所示。

25. 绝缘子安装时有什么要求?

答:（1）安装应牢固、连接可靠，防止积水；

（2）安装时应清除表面的污垢；

（3）与电杆、导线金具连接处无卡压现象；

（4）悬垂串上的弹簧销子、螺栓及穿钉应向受电侧穿入，两边线应由内向外，中线面向受电侧由左向右穿入；

图 4-27　合成绝缘子

（5）耐张串上的弹簧销子、螺栓及穿钉应由上向下穿，当遇到有穿入困难时，可由内向外或由左向右穿入。

26. 碟式绝缘子如何使用? 使用在什么地方?

答：碟式绝缘子在使用时，用两块拉板和一支穿心螺栓组合起来，用在中低压配电线路的转角、耐张、分支、终端以及需要承受拉力的电杆上。碟式绝缘子分为高、低压两种，在 10kV 配电线路上使用高压碟式绝缘子，在使用时可用一个碟式绝缘子和一片悬式绝缘子组合使用。碟式绝缘子使用如图 4-28 所示。

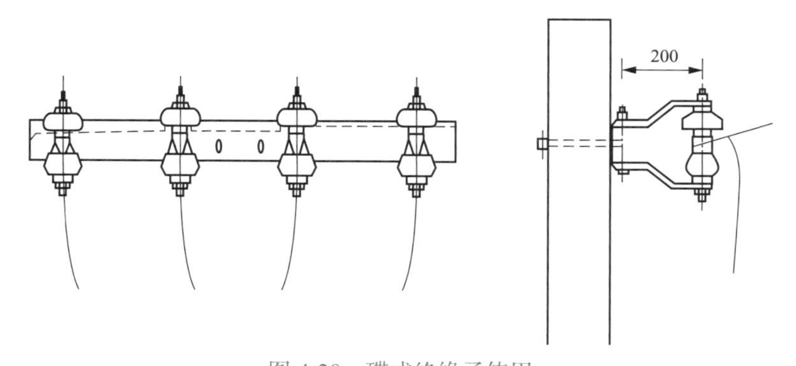

图 4-28　碟式绝缘子使用

27. 什么是绝缘子的泄漏比距？污秽地区绝缘子泄漏比距最低要求是多少？

答：泄漏比距是指每千伏线电压所需要的最小爬电距离值，单位为 cm/kV；

线路通过污秽地区的绝缘子泄漏比距要求最低不得低于 3.8cm/kV。

28. 输配电线路上使用的金具按其作用分为哪几类?

答：分为导线固定金具、横担固定金具、连接金具、接续金具、保护金具和拉线金具。

29. 线路金具在使用前应符合哪些要求?

答：金具在使用前应做外观检查，并符合以下要求：

（1）表面光洁，无裂纹、毛刺、飞边、砂眼、气泡等缺陷；

（2）线夹转动灵活，与导线接触面符合要求；

（3）镀锌良好，无锌皮脱落、锈蚀现象；

（4）无缺件、变形。线路金具如图 4-29 所示。

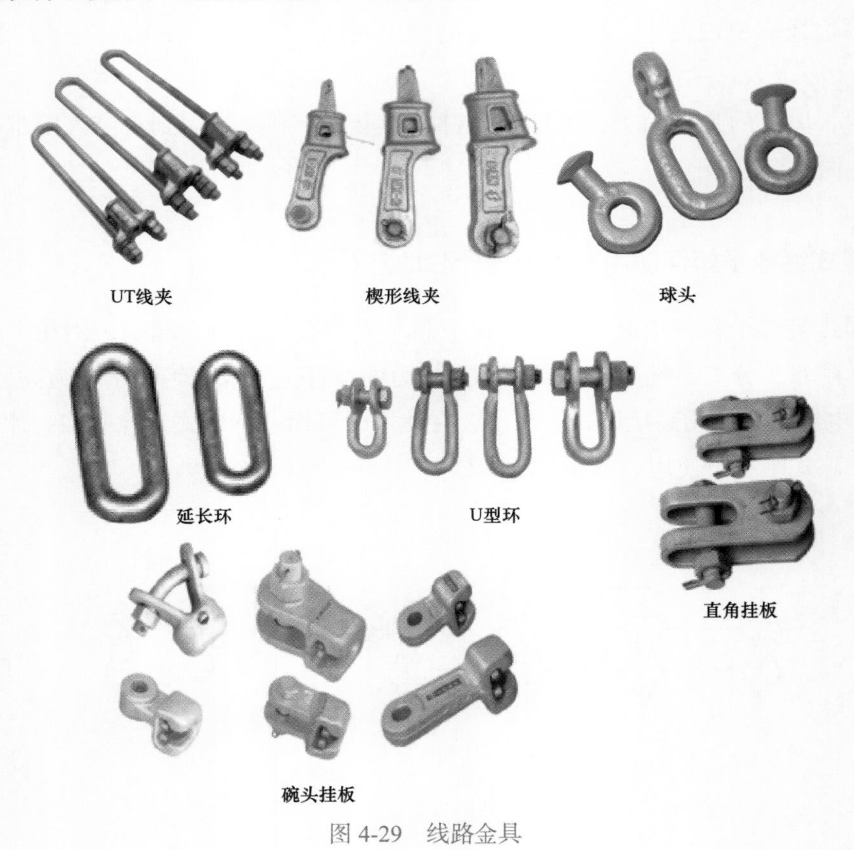

图 4-29　线路金具

30. 螺栓型耐张线夹的作用是什么？有哪几种常用型号？各适用于多大导线?

答：（1）螺栓型耐张线夹主要用于将导线固定在耐张、转角、终端杆悬式绝缘串上，螺栓型耐张线夹如图 4-30 所示。

（2）常用的型号及其适用范围为：

1）NL-1 型：适用于 LJ-16～50 和 LGJ-35 以下导线；

2）NL-2 型：适用于 LJ-70～95 和 LGJ-50～70 导线；

3）NL-3 型：适用于 LJ-120～185 和 LGJ-95～150 导线；

4）NL-4 型：适用于 LJ-240 和 LGJ-185～240 导线。

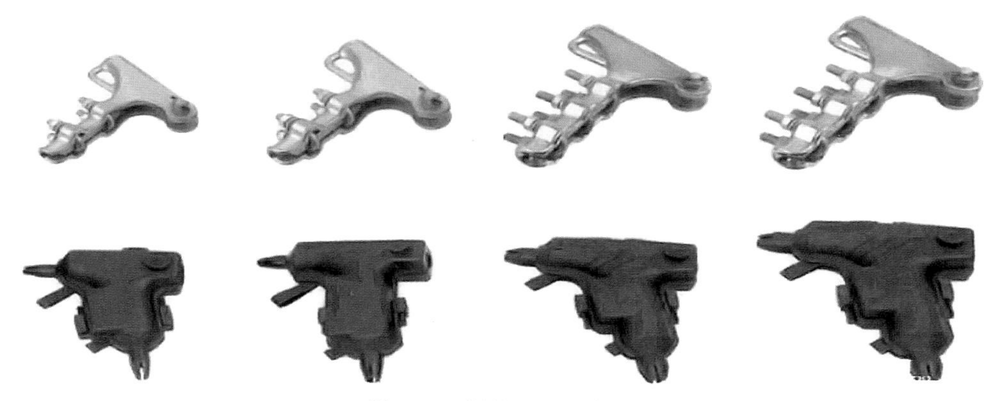

图 4-30　螺栓型耐张线夹

31. 并沟线夹有何作用？常用型号及适用导线是什么？

答：（1）并沟线夹主要用于导线的 T 接处或引流线（弓子线、跳线）的连接处，并沟线夹如图 4-31 所示。

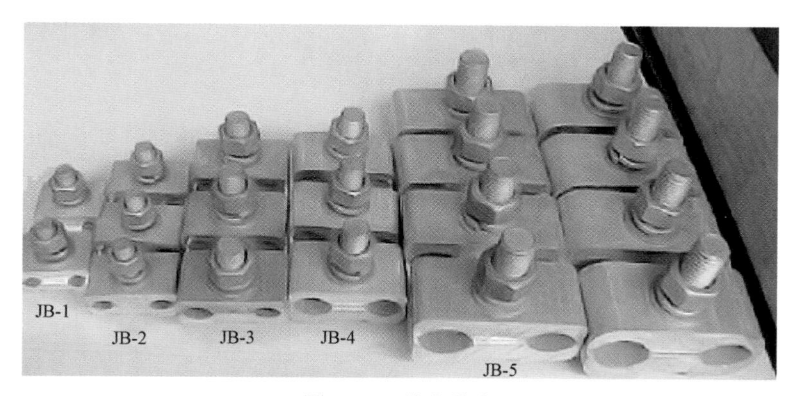

图 4-31　并沟线夹

（2）并沟线夹的常用型号及适用范围：

1）JB-0 型：适用于 LGJ-16～25 和 LJ-25 导线；

2）JB-1 型：适用于 LGJ-35～50 和 LJ-50 导线；

3）JB-2 型：适用于 LGJ-70～95 和 LJ-95 导线；

4）JB-3 型：适用于 LGJ-120～150 和 LJ-150 导线；

5）JB-4 型：适用于 LGJ-185～240 和 LJ-240 导线。

32. 拉线金具主要有哪几种？

答：拉线金具有楔型线夹、NUT 型线夹、拉线 U 形环、钢线卡子、双拉线用联板等。拉线材料如图 4-32 所示。

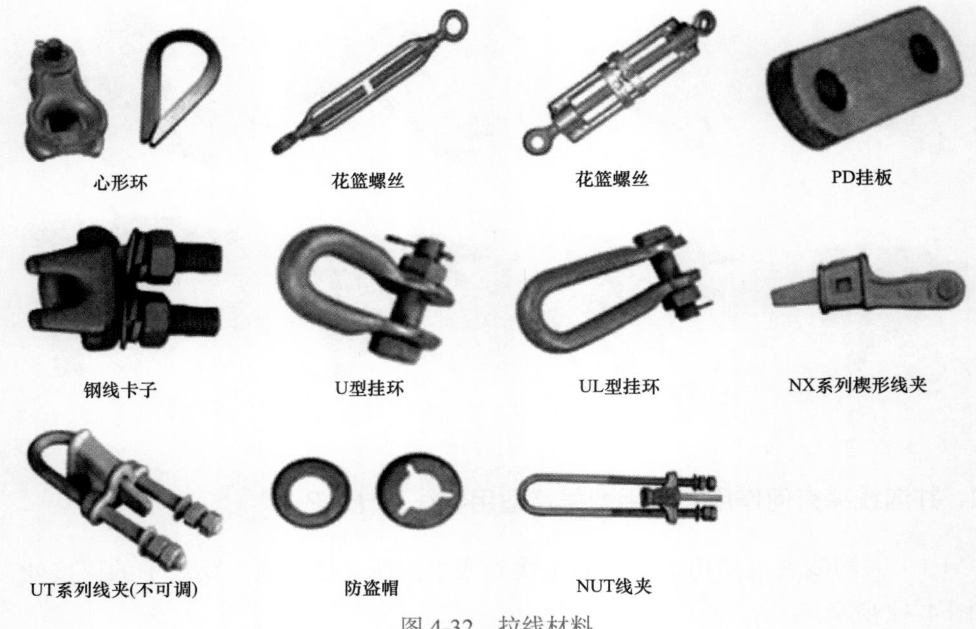

图 4-32　拉线材料

33. 对拉线和拉线底把采用的材料有哪些要求?

答:（1）拉线宜采用镀锌钢绞线，强度安全系数不应小于 2.0，截面积不应小于 25mm^2；

（2）拉线底把宜采用直径不小于 16mm 的热镀锌圆钢拉线棒，连接处应采用双螺母，其外露地面部分的长度应为露出地面 0.5～0.7m。拉线底把如图 4-33 所示。

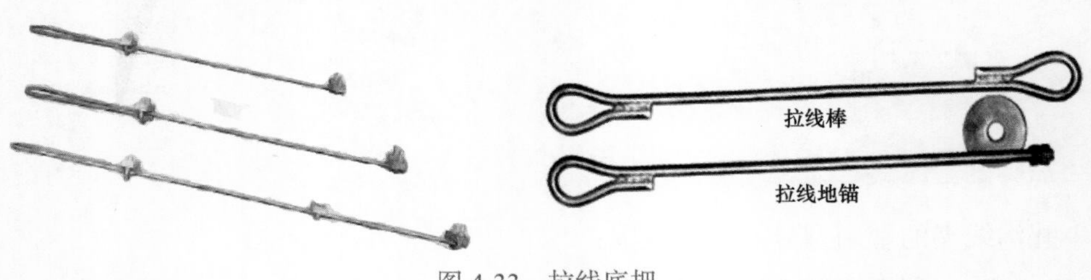

图 4-33　拉线底把

34. 对配电线路的拉线装设的角度、方向、距离等有哪些要求?

答：拉线的装设应符合下列要求：

（1）普通拉线与电杆的夹角一般应为 45°，受地形限制时不应小于 30°。

（2）拉线装设方向：30° 及以内的角度杆设合力拉线，拉线应设在线路外角的平分线上；30° 以上的角度杆拉线应按线路方向分设，终端杆的拉线应设在线路中心线的延长线上，防风拉线应与线路方向垂直。

（3）水平拉线与路面的距离：对路面中心的垂直距离不应小于 6m，在拉线柱处不应

小于 4.5m。水平拉线柱宜采用底盘，埋设深度符合规定，拉线柱应向拉力的反方向倾斜 10° ～20° ，拉线柱尾线与拉线柱之间的夹角不应小于 30° ，尾线应设在水平拉线的上方并距杆顶为 250mm 处，线路拉线如图 4-34 所示。

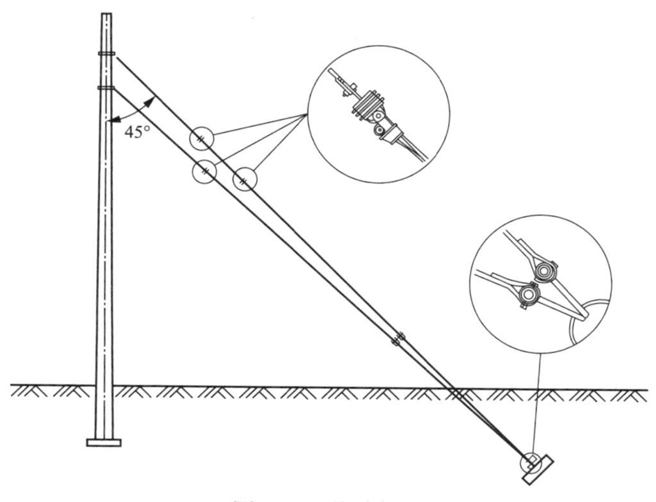

图 4-34 线路拉线

35. 什么是架空线路的档距？什么是架空线路的耐张段？什么是孤立档？

答：相邻两基杆塔中心线之间的水平距离称为档距，用 L 表示。平地与坡地的档距如图 4-35 所示。由相邻两基承力杆塔之间的几个档距组成一个耐张段。如果耐张段中只有一个档距则该耐张段称为孤立档。线路耐张段及孤立档如图 4-36 所示。

36. 架空配电线路导线最小线间距离有何要求？

答：架空配电线路导线最小线间距离如表 4-3 所示。

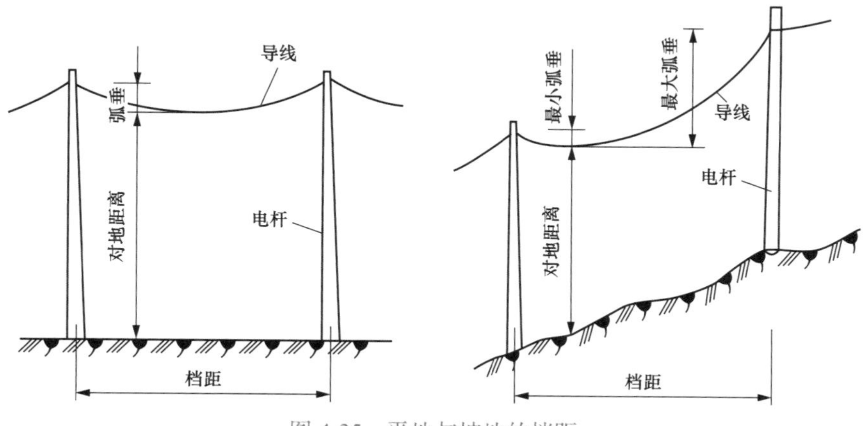

图 4-35 平地与坡地的档距

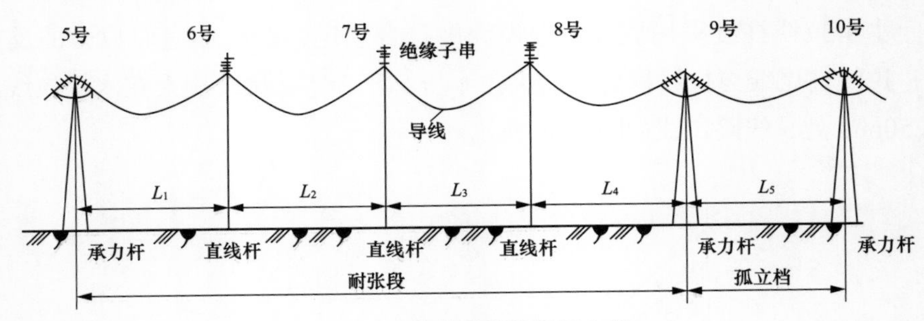

图 4-36　线路耐张段及孤立档

表 4-3　　架空配电线路导线最小线间距离　　m

线路电压	档距						
	40 及以下	50	60	70	80	90	100
1～10kV	0.6（0.4）	0.65（0.5）	0.7	0.75	0.85	0.9	1.0
1kV 以下	0.3（0.3）	0.3（0.3）	0.45				

注　括号内为绝缘导线数值。1kV 以下配电线路靠近电杆两侧导线间水平距离不应小于 0.5m。

37. 对配电线路每相的过引线、引下线对邻相的过引线、引下线或导线之间的净空距离有何要求?

答：每相导线过引线、引下线对邻相过引线、引下线的净空距离：1～10kV 不小于 0.3m，1kV 以下不小于 0.15m。

1～10kV 引下线与 1kV 以下的配电线路导线间的距离不应小于 0.2m。

38. 配电线路设计路径和杆位应如何选择?

答：（1）线路路径选择应符合规划部门要求；

（2）应符合城镇的总体规划并与配电网络改造相结合；

（3）应尽量减少占用农田，避开洼地、沟壑和易被冲刷的地段；

（4）尽量减少跨越，避开有爆炸物、易燃物腐蚀性气体和烟尘污染严重的生产厂房、仓库等地段；

（5）要考虑电信、电力电缆、上下水道等地下设施，尽量做到便于施工及运行维护。

39. 如何确定导线截面?

答：（1）当负荷小、线路较短时，按经济电流密度、允许电压损失、发热条件、机械强度选择和校验，所选的导线截面都小于最小允许截面，所以按最小截面选择。

（2）低压动力线因其负荷电流大，所以一般先按发热条件选择导线截面，然后验算电压损失和机械强度。

（3）低压照明线因其对电压水平要求较高，所以一般先按允许电压损失的条件来选择导线截面，然后验算其发热条件和机械强度。

（4）高压架空线路一般是按经济电流密度来选择，按机械强度、电压损失、导线发热进行校验，经过综合分析，选用能满足上述条件的导线截面。

40. 低压配电线路的中性线布置有什么特点?

答：低压配电线路的导线排列一般采用水平方式。当低压配电线路为带有中性线的三相四线制线路时，中性线要靠近电杆，按照面向负荷侧从左到右依次为 U（黄）、N（中性线）、V（绿）、W（红）。如果线路附近有建筑物，例如沿街道架设的低压线路，则中性线应尽量布置在建筑物一侧。同一地区的中性线位置应统一，以便于运行维护和检修。

41. 对导线的接头有哪些要求?

答：（1）在一个档距内每根导线不应超过一个接头，且最好将接头放在同一档内；

（2）接头距导线固定点应不小于 0.5m，承力杆不小于 5m；

（3）交叉跨越档中不得有接头；

（4）不同金属、规格、绞向的导线，严禁在同一耐张段内连接。

导线接头如图 4-37 所示。

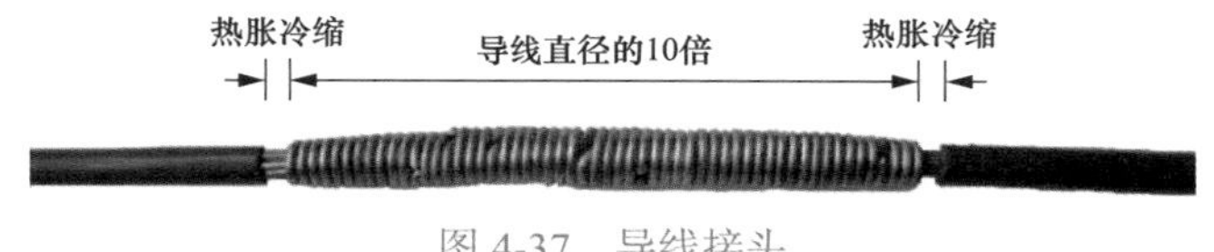

图 4-37　导线接头

42. 导线接头制作的一般规定是什么?

答：（1）连接部分的导线、接续管、绑扎线应清擦干净，除去氧化膜；

（2）接续管的型号与导线相匹配；

（3）接头的电阻不应大于等长导线的电阻；

（4）档距内接头的机械强度不应小于原导线抗拉强度的 95%；

（5）导线接头应紧密、牢靠、造型美观，不应有重叠、弯曲、裂纹、毛刺及凹凸不平现象。导线接头制作步骤如图 4-38 所示。

43. 紧线时导线的初伸长一般如何处理?

答：新建架空线路的施工，如不考虑导线伸长的影响，则运行一个时期后导线的弧垂

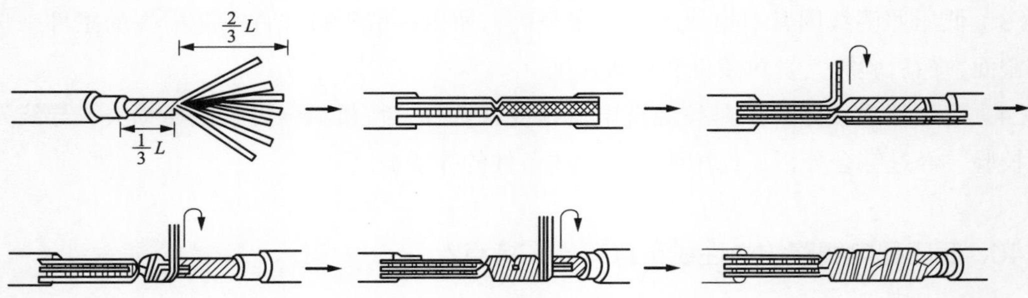

图 4-38　导线接头制作步骤

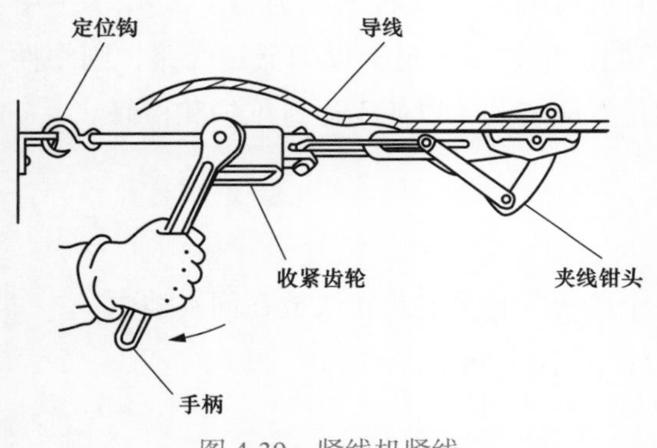

图 4-39　紧线机紧线

增大，造成对地距离减小，影响线路的安全运行。故新导线在紧线时应考虑导线的初伸长。

配电线路一般采用减小弧垂法，弧垂减小的百分数分别为：铝绞线、铝芯绝缘线为 20%；钢芯铝绞线为 12%；铜绞线、铜芯绝缘线为 7%～8%。紧线机紧线如图 4-39 所示。

44. 10kV 及以下的配电线路施工时，对弧垂有什么要求？

答：（1）弧垂的误差不应超过设计值的 ±5%；

（2）同档内各相导线弧垂应一致；

（3）水平排列的导线弧垂相差不应大于 50mm。

45. 配电线路的巡视有几种方式？

答：包括定期巡视、特殊巡视、夜间巡视、故障巡视、监察性巡视，如图 4-40～图 4-44 所示。

图 4-40　定期巡视

图 4-41　特殊巡视

图 4-42　夜间巡视

图 4-43　故障巡视

46. 各种配电线路巡视方式的周期是怎么规定的?

图 4-44　监察性巡视

答:（1）定期巡视的周期见表 4-4。根据设备状态评价结果，对该设备的定期巡视周期可动态调整，最多可延长一个定期巡视周期，架空线路通道与电缆线路通道的定期巡视周期不得延长。

（2）重负荷和三级污秽及以上地区线路应每年至少进行一次夜间巡视。

（3）重要线路和故障多发线路应每年至少进行一次监察巡视。

表 4-4　定期巡视的周期

序号	巡视对象	周期
1	架空线路通道	市区：一个月
		郊区及农村：一个季度
2	电缆线路通道	一个月
3	架空线路、柱上开关设备 柱上变压器、柱上电容器	市区：一个月
		郊区及农村：一个季度
4	电力电缆线路	一个季度
5	中压开关站、环网单元	一个季度
6	配电室、箱式变电站	一个季度
7	防雷与接地装置	与主设备相同
8	配电终端、直流电源	与主设备相同

47. 在进行架空线路巡视时应注意什么?

答:(1)无论线路是否停电均应视为带电，并沿线路外侧进行巡视，有风时应沿上风侧行走，以免断线落到人身上。

(2)单人巡视时，不应做任何登杆工作。

(3)发现导线断落地面或悬挂在空中时，应设法防止他人靠近，保证断线周围 8m 以内不应进人，并且派人看守及报告领导。

(4)应注意沿线地理情况，如河流水位变化，不明深浅的不应涉渡，也要注意其他沟坎变化及动物出没情况。

(5)夜间巡视时应有两人及以上同时进行，且有充足的照明设备。

48. 对导线应进行哪些巡视?

答:(1)导线有无断股、损伤、烧伤、腐蚀的痕迹，绑扎线有无脱落、开裂，连接线夹螺栓是否紧固，有无跑线现象，7 股导线中任一股损伤深度不应超过该股导线直径的 1/2，19 股及以上导线任一处的损伤不应超过 3 股。

(2)三相弛度是否平衡，有无过紧、过松现象，三相导线弛度误差不应超过设计值的 -5% 或 +10%，一般档距内弛度相差不宜超过 50mm。

(3)导线连接部位是否良好，有无过热变色和严重腐蚀，连接线夹是否缺失。

(4)跳(档)线、过引线、引下线、导线与邻相的跳(档)线、过引线、引下线、导线之间的净空距离以及导线与拉线、杆塔或构件的距离是否符合规定。

(5)导线上有无抛扔物。

(6)架空绝缘导线有无过热、变形、起泡现象。

(7)过引线有无损伤、断股、松股、歪扭，与杆塔、构件及其他引线之间的距离是否符合规定。

49. 对铁件、金具、绝缘子、附件应进行哪些巡视?

答:(1)铁横担与金具有无严重锈蚀、变形、磨损、起皮现象或出现严重麻点，锈蚀表面积不应超过 1/2，特别应注意检查金具经常活动、转动的部位和绝缘子串悬挂点的金具。

(2)横担上下倾斜、左右偏斜不应大于横担长度的 2%。

(3)螺栓是否松动，有无缺螺帽、销子，开口销及弹簧销有无锈蚀、断裂、脱落。

(4)线夹、连接器上有无锈蚀或过热现象(如接头变色、熔化痕迹等)，连接线夹弹簧垫是否齐全、坚固。

(5)瓷质绝缘子有无损伤、裂纹和闪络痕迹，釉面剥落面积不应大于 $100mm^2$，合成绝缘子的绝缘介质是否龟裂、破损、脱落。

（6）铁脚、铁帽有无锈蚀、松动、弯曲偏斜。

（7）瓷横担、瓷顶担是否偏斜。

（8）绝缘子钢脚有无弯曲，铁件有无严重锈蚀，针式绝缘子是否歪斜。

（9）在同一绝缘等级内，绝缘子装设是否保持一致。

（10）支持绝缘子绑扎线有无松弛和开断现象，与绝缘导线直接接触的金具绝缘罩是否齐全，有无开裂、发热变色变形，接地环设置是否满足要求。

（11）铝包带、预绞丝有无滑动、断股或烧伤，防振锤有无移位、脱落、偏斜。

（12）驱鸟装置、故障指示器工作是否正常。

50. 对拉线应进行哪些巡视?

答：（1）拉线有无断股、松弛、严重锈蚀和张力分配不匀等现象，拉线的受力角度是否适当，当一基电杆上装设多条拉线时各条拉线的受力应一致。

（2）跨越道路的水平拉线，对地距离符合 DL/T 5220—2018《10kV 及以下架空配电线路设计技术规程》相关规定要求，对路边缘的垂直距离不应小于 6mm，跨越电车行车线的水平拉线对路面的垂直距离不应小于 9mm。

（3）拉线棒有无严重锈蚀、变形、损伤及上拔现象，必要时应做局部开挖检查。

（4）拉线基础是否牢固，周围土壤有无突起、沉陷、缺土等现象。

（5）拉线绝缘子是否破损或缺少，对地距离是否符合要求。

（6）拉线不应设在妨碍交通（行人、车辆）或易被车撞的地方，无法避免时应设有明显警示标示或采取其他保护措施，穿越带电导线的拉线应加设拉线绝缘子。

（7）拉线的抱箍、拉线棒、UT 型线夹、楔型线夹等金具铁件有无变形、锈蚀、松动或丢失现象。

（8）顶（撑）杆、拉线桩、保护桩（墩）等有无损坏、开裂等现象。

（9）拉线的 UT 型线夹有无被埋入土壤或废弃物堆中。

线路拉线如图 4-45 所示。

图 4-45　线路拉线

51. 造成导线断线的原因是什么?

答：引起导线断线一般是由于外力、机械、电气三个方面的原因所造成。

52. 导线接头过热的原因是什么？如何检查处理？

答：导线接头在运行过程中，常因氧化、腐蚀等原因而产生接触不良，使接头处的电阻远远大于同长度导线的电阻。当电流通过时由于电流的热效应使接头处导线的温度升高，造成接头过热。

导线接头过热的检查方法，一般是观察导线有无变色现象，也可以用远红外测温仪检测导线接头有无过热现象。当发现导线接头过热以后，应首先设法减轻线路的供电负荷，把一部分负荷电流转移至其他线路上去。同时还需继续观察，并增加夜间巡视，观察导线接头处有无发红的现象。如发现导线接头过热严重，应通知有关人员将线路停电进行处理。导线接头重接后需经测试合格后方可再次投入运行。

53. 登杆塔前，应做好哪些工作？

答：（1）核对线路名称和杆号。

（2）检查杆根、基础和拉线是否牢固。

（3）检查杆塔上是否有影响攀登的附属物。

（4）遇有冲刷、起土、上拔或导地线、拉线松动的杆塔，应先培土加固、打好临时拉线或支好架杆。

（5）检查登高工具、设施（如脚扣、升降板、安全带、梯子和脚钉、爬梯、防坠装置等）是否完整牢靠。

（6）攀登有覆冰、积雪、积霜、雨水的杆塔时，应采取防滑措施。

（7）攀登过程中应检查横向裂纹和金具锈蚀情况。

54. 在杆塔上作业应注意的安全事项有哪些？

答：（1）作业人员攀登杆塔、在杆塔上移位及作业时，手扶构件应牢固，不得失去安全保护，并有防止安全带从杆顶脱出或被锋利物损坏的措施。

（2）在杆塔上作业时，宜使用有后备保护绳或速差自锁器的双控背带式安全带，安全带和保护绳应分挂在杆塔不同部位的牢固构件上。

（3）上横担前应检查横担腐蚀情况、连接是否牢固，检查时安全带（绳）应系在主杆或牢固的构件上。

（4）在人员密集或有人员通过的地段进行杆塔上作业时，作业点下方应按坠落半径设围栏或其他保护措施。

（5）杆塔上下无法避免垂直交叉作业时，应做好防落物伤人的措施，作业时要相互照应，密切配合。

（6）杆塔上作业时不得从事与工作无关的活动。

55. 杆上安装横担的注意事项有哪些？

答：（1）安全带不宜拴得过长，最好在电杆上缠 2 圈。

（2）当吊起的横担放在安全带上时，应将吊物绳整理顺当。

（3）不用的工具不能随手放在横担及杆顶上，应放入工具袋或工具夹内。

（4）地面工作人员应戴安全帽远离杆下，以免高空掉物伤人。

56. 横担的安装要求是什么？

答：（1）横担端部上下歪斜不应大于 20mm。

（2）横担端部左右扭斜不应大于 20mm。

（3）双杆的横担，横担与电杆连接处的高差不应大于连接距离的 5/1000；左右扭斜不应大于横担总长度的 1/100。

57. 拉线盘如何安装？

答：（1）按设计要求挖好拉线坑。

（2）按图纸要求组装拉线棒和拉线盘。

（3）人力拉住拉线棒顺坑滑下至坑底，按要求夯实回填土。

（4）拉线棒倾斜角符合安装要求。

拉线盘如图 4-46 所示。

图 4-46　拉线盘

58. 卡盘安装有什么要求？

答：（1）安装位置、方向、深度应符合要求，一般深度允许偏差为 ±50mm。

（2）安装前应将其下部分的土壤分层回填夯实。

（3）在设计无要求时，其上平面距地表面不应小于 500mm。

（4）与电杆连接部分应紧密。

卡盘如图 4-47 所示。

59. 电杆装配时，对螺栓的穿向有什么要求？

答：电杆装配时，对各种螺栓穿向的要求是：

图 4-47　卡盘

（1）立体结构：水平方向由内向外，垂直方向由下向上。

（2）平面结构：①顺线路方向者均由送电侧穿入；②横线路方向位于两侧的一律由内向外穿，位于中间的面向受电侧，从左向右穿或统一方向穿；③垂直方向者一律由下向上穿。

60. 用汽车起重机立、撤杆时应注意什么?

答：（1）用汽车起重机立、撤电杆时应设专人统一指挥、统一信号。

（2）工作前先检查汽车起重机的制动部分是否可靠，绳索、滑轮是否完好无损；工作时要检查吊勾封口装置是否完好，应有防止起重机下沉、倾斜的措施。

（3）起吊电杆的钢丝绳套一般可拴在电杆重心以上的部位，拔稍杆的重心在距大头端电杆全长的 2/5 处加上 0.5m，等径杆的重心在电杆的 1/2 处。

（4）正式立杆前要进行试吊。

（5）撤杆时应先试拔，如有问题应挖开检查有无卡盘或障碍物，随时注意周围环境。

（6）起吊过程中吊杆下不许有人，无关人员不许在附近逗留，杆塔起立过程中严禁攀登杆塔。

汽车起重机立杆如图 4-48 所示。

图 4-48　汽车起重机立杆

61. 架空电力线路在放线前应检查什么?

答：（1）检查导线型号、规格是否符合设计要求。

（2）检查清理线路走廊内的障碍物，应满足架线施工要求。

（3）检查跨越架与被跨越物、带电体间的最小距离，应符合规定。

（4）检查导线有无松股、交叉、折叠、断裂及破损等缺陷。

（5）检查导线有无严重腐蚀现象。

（6）检查钢绞线、镀锌铁线表面镀锌层是否良好，有无锈蚀。

（7）检查绝缘线端部有无密封措施。

（8）检查绝缘线的绝缘层是否紧密挤包，表面是否平整圆滑，色泽是否均匀，有无尖角、颗粒、烧焦痕迹。目测同心度应无较大偏差。

62. 架空电力线路放线前对放线盘的布置有哪些要求?

答:（1）放线前应先制订放线计划，合理分配放线段。

（2）根据地形适当增加放线段内的放线长度。

（3）根据放线计划将导线线盘运到指定地点。

（4）设专人看守，并具备有效制动措施。

（5）临近带电线路施工线盘应可靠接地。

（6）导线布置在交通方便、地势平坦处，地形有高低时，应将线盘布置在地势较高处，减轻放线牵引力。

（7）导线放线应考虑减少放线后的余线，尽量将长度接近的线轴集中放在各耐张杆处。

（8）导线放线裕度在采用人力放线时，平地增加 3%，丘陵增加 5%，山区增加 10%；在采用固定机械牵引放线时，平地增加 1.5%，丘陵增加 2%，山区增加 3%。

放线盘如图 4-49 所示。

图 4-49　放线盘

63. 架空电力线路在放线过程中，应注意哪些事项?

答:（1）放线时不得使导线出现磨损、断股、散股和死弯，如出现磨损和断股应及时做出标志，以便处理。

（2）要设专人统一指挥、统一信号，保持通信联络畅通。

（3）放线时若需跨过带电导线，应将带电导线停电后再施工；如停电困难可搭跨越架；临近带电设备应有绝缘绳控制放线措施。

（4）导线若穿过公路或跨越通过繁华地区时应有专人看守，发现异常现象应立即停止放线。

（5）放线时使用滑轮，滑轮应牢固地固定在横担的适当位置，并防止出现导线掉槽。

64. 使用临时拉线有哪些安全要求?

答：（1）临时拉线一般采用钢丝绳或钢绞线。

（2）不得利用树木或外露岩石做受力桩。

（3）一个锚桩上的临时拉线不得超过两根。

（4）临时拉线不得固定在有可能移动或其他不可靠的物体上。

（5）临时拉线绑扎工作应由有经验的人员担任。

（6）临时拉线应在永久拉线全部安装完毕承力后方可拆除。

（7）杆塔施工过程需要采用临时拉线过夜时，应对临时拉线采取加固和防盗措施。

临时拉线如图 4-50 所示。

图 4-50 临时拉线

65. 紧线的准备工作有哪些?

答：（1）紧线施工应在全紧线段内的杆塔全部检查合格后方可进行。

（2）紧线前应按要求装设临时拉线。

（3）放线工作结束后应尽快紧线。

（4）总牵引地锚与紧线操作杆塔之间的水平距离，应不小于挂线点高度的两倍，且与被紧架空导线方向应一致。

（5）紧线应紧靠挂线点。

（6）紧线时，人员不准站在或跨在已受力的导线上或导线的内角侧、展放的导线圈内及架空线的垂直下方。

（7）跨越重要设施时应做好防导线跑线措施。

66. 紧线的要求有哪些?

（1）绝缘子、拉紧线夹安装前应进行外观检查，并确认符合要求。

（2）紧线时应随时查看地锚和拉线状况。

（3）导线的弧垂值应符合设计数值。

（4）满足 SD 292—1988《架空配电线路及设备运行规程》相关要求。

（5）安装时应检查碗头、球头与弹簧销子之间的间隙，在安装好弹簧销子的情况下球

头不得自碗头中脱出。

（6）紧线顺序：导线三角和水平排列时，宜先紧中导线，后紧两边导线；导线垂直排列时，宜先紧上导线，后紧中、下导线。

（7）绝缘线展放中不应损伤导线的绝缘层和出现扭、弯等现象，接头应符合相关规定，破口处应进行绝缘处理。

（8）三相导线弛度误差不得超过 -5% 或 +10%，一般同一档距内弛度相差不宜超过 50mm。

67. 导线固定及附件的安装要求有哪些？

答：（1）导线应固定牢固、可靠。绑线绑扎应符合“前三后四双十字”的工艺标准，绝缘子底部要加装弹簧垫。

（2）紧线完成、弧垂值合格后，应及时进行附件安装。

（3）直线转角杆，采用瓷质绝缘子时，导线应固定在转角外侧的槽内；采用瓷横担绝缘子时，导线应固定在第一裙内。

（4）直线跨越杆的导线应双固定，导线本体不应在固定处弯曲。

（5）裸铝导线在绝缘子或线夹上固定应缠绕铝包带，缠绕长度应超出接触部分 30mm。铝包带的缠绕方向应与外层线股的绞制方向一致。

（6）绝缘导线在绝缘子或线夹上固定应缠绕粘布带，缠绕长度应超过接触部分 30mm，缠绕绑线应采用不小于 2.5mm^2 的单股塑铜线，严禁使用裸导线绑扎绝缘导线。

针式绝缘子顶绑固定如图 4-51 所示，侧绑固定如图 4-52 所示。绝缘导线固定如图 4-53 所示。

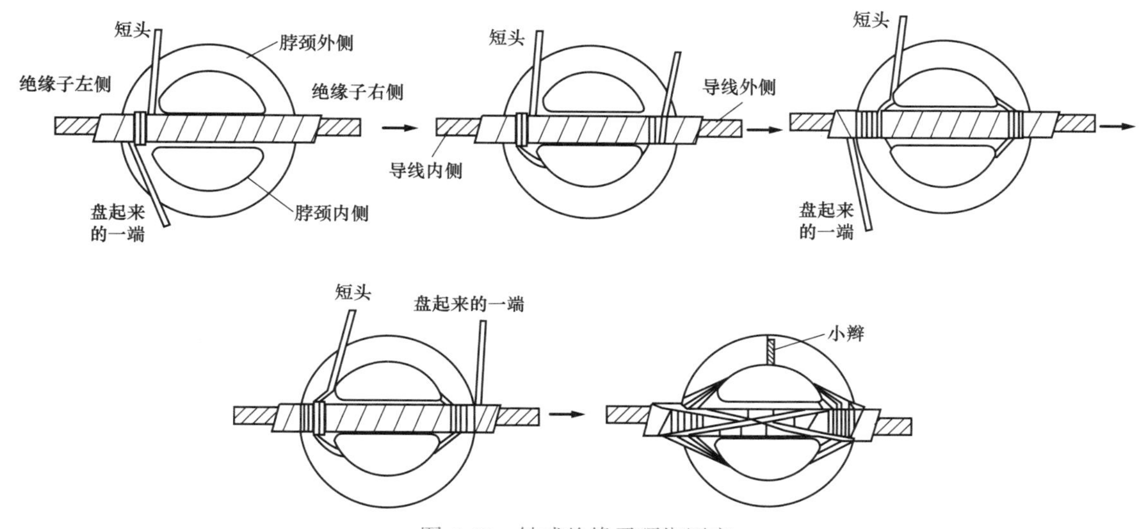

图 4-51　针式绝缘子顶绑固定

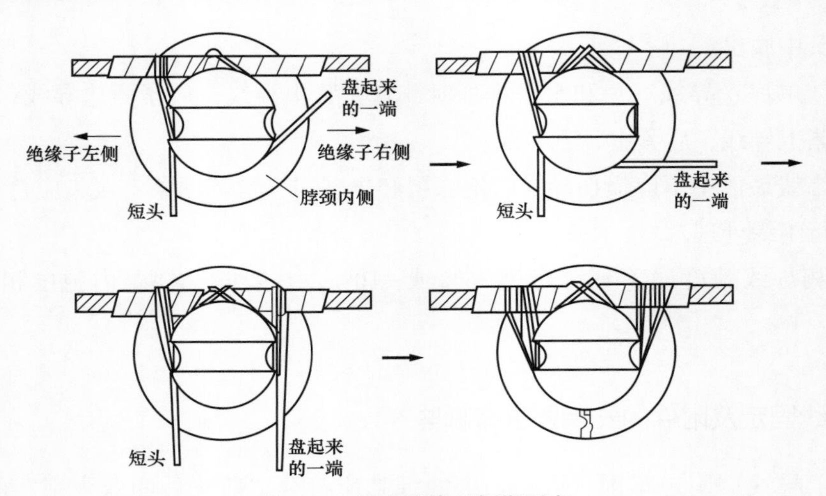

图 4-52　针式绝缘子侧绑固定

图 4-53　绝缘导线固定

第 5 章　配电变压器及配电柜

1. 试述变压器的基本工作原理。

答：在闭合的铁芯上绕有两个匝数不同且相互绝缘的绕组，其中，接入电源一侧的叫一次绕组，输出电能的一侧叫二次绕组。当交流电源加到一次绕组后，就有交流电流通过该绕组，在铁芯中产生与电源频率相同的交流磁通，由于一、二次绕组均绕在同一铁芯上，因此交流磁通同时交链一、二次绕组。根据电磁感应定律，在两个绕组两端分别产生频率相同的感应电动势。如果此时二次绕组与负载接通，便有电流流入负载，并在负载端产生电压，从而输出电能。变压器工作原理如图 5-1 所示。

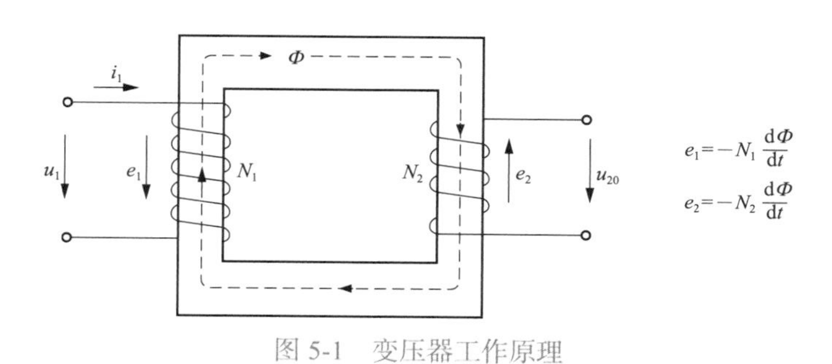

图 5-1　变压器工作原理

2. 变压器油起什么作用？

答：变压器油在运行中主要起绝缘、灭弧和冷却作用。变压器的绝缘部分（如绕组的相间、层间和匝间）浸泡在变压器油中，这样可以大大提高变压器的绝缘性能。此外由于油在油箱内因温差而自然对流的作用，形成变压器油的自然循环，从而不断地散发热量而起到冷却作用。

3. 配电变压器运行中的巡视检查应注意什么事项？

答：配电变压器在运行中应定期进行巡视检查，变压器停用和送电前也要进行检查。变压器巡视检查应注意以下几个方面：

（1）储油柜的油位、油色、油温是否正常，变压器各部有无渗漏油。

（2）套管是否清洁、无损，无放电痕迹，套管上有无杂物。

（3）引线不过松或过紧，引线和导电杆接触良好，无发热现象。

（4）变压器响声是否正常，变压器的正常声音应是连续均匀的“嗡嗡”声。

（5）呼吸器是否畅通，硅胶是否吸潮变色，油封呼吸器的油位是否正常。

（6）测量负荷时变压器不应过负荷。

（7）检查高、低压熔丝是否完好。

（8）检查变压器接地装置是否完好。

4. 为什么变压器上层油温不宜超过 85℃？

答：变压器所用的绝缘材料均为 A 级与 E 级，要求绕组最高温度不超过 105℃，又因为绕组温度会高出上层油温 10℃，所以规程规定上层油温不准超过 95℃。变压器绕组最高允许温度为 105℃，并不是说绕组可以长期处在这个温度下运行。如果连续在这个温度下运行，绝缘会很快老化，寿命会大大缩短。所以为防止绝缘油劣化加快，延长变压器使用寿命，规定变压器上层油温不宜超过 85℃。

5. 变压器高、低压熔丝怎样选择？

答：（1）配电变压器高压侧熔丝按高压侧额定电流的 1.5～2.5 倍选择，100kVA 以下的配电变压器按 2.0～2.5 倍选择，最小不能低于 3A；100kVA 及以上的配电变压器按 1.5～2.0 倍选择。

（2）配电变压器低压侧熔丝按低压侧额定电流稍大一些选择。

高、低压熔断器如图 5-2 所示。

图 5-2　高、低压熔断器

6. 操作跌落式熔断器时有哪些注意事项？

答：（1）操作跌落式熔断器时应采取防止弧光短路的措施。操作 100kVA 以上变压器跌落式熔断器前应先将低压隔离开关拉开。

（2）操作跌落式熔断器时要选好位置，使用足够长度的绝缘杆在地面操作或登杆操作

时必须与带电部位保持足够距离（严禁在变压器台区上操作）。

（3）拉闸时先拉中间相，后拉两边相；合闸时先合两边相，后合中间相。如遇有风天操作，拉闸时应先拉中间相，再拉下风相，最后拉上风相；合闸时应先合上风相，再合下风相，最后合中间相。

（4）操作时要准确果断，用力适当不能过猛。

7. 变压器投入运行前应做哪些检查？

答：（1）外壳接地是否良好。

（2）油面是否正常。

（3）有无渗、漏油现象。

（4）套管螺丝是否松动。

（5）呼吸器是否畅通。

（6）无励磁调压位置是否正确。

（7）高、低压熔丝是否合适。

（8）用绝缘电阻表测量变压器的绝缘电阻是否合格。

（9）测试接地电阻是否合格。

8. 变压器的位置应符合哪些要求？

答：（1）靠近负荷中心。

（2）避开易爆、易燃、污秽严重及地势低洼地带。

（3）高压进线、低压出线方便。

（4）便于施工、运行维护。

9. 变压器低压侧的电气接线应满足哪些基本要求？

答：（1）装设电能计量装置。

（2）变压器容量在 100kVA 以上者，宜装设电流表及电压表。

（3）低压进线和出线应装设有明显断开点的开关。

（4）低压进线和出线应装设自动断路器或熔断器。

10. 配电变压器低压侧的配电箱应满足哪些要求？

答：（1）配电箱的外壳应采用不小于 2.0mm 厚的冷轧钢板制作并进行防锈蚀处理，有条件也可采用不小于 1.5mm 厚的不锈钢等材料制作。

（2）配电箱外壳的防护等级应根据安装场所的环境确定。户外型配电箱应采取防止外部异物插入触及带电导体的措施。

（3）配电箱的防触电保护类别应为Ⅰ类或Ⅱ类。

（4）箱内安装的电器，均应采用符合国家标准规定的定型产品。

（5）箱内各电器件之间以及它们对外壳的距离应能满足电气间隙、爬电距离以及操作所需的间隔。

（6）配电箱的进出引线应采用具有绝缘护套的绝缘电线或电缆，穿越箱壳时加套管保护。

低压配电箱如图 5-3 所示。

图 5-3　低压配电箱

11. 柱上变压器施工前的现场检查有什么要求？

答：（1）变压器应符合设计要求，附件、备件应齐全。

（2）本体及附件外观检查无损伤及变形，油漆完好。

（3）油箱封闭良好，无漏油、渗油现象，油标处油面正常。

（4）双杆式变压器台架宜采用槽钢，槽钢厚度应大于 14mm，并经热镀锌处理。

（5）台架离地面高度符合设计要求，安装牢固，水平倾斜不应大于台架根开的 1/100。

（6）压力释放阀应打开。

配电变压器如图 5-4 所示。

图 5-4　配电变压器

12. 杆上变压器及变压器台架安装有什么要求？

答：（1）变压器台架水平倾斜不大于台架根开的 1%。

（2）一、二次引线排列整齐，绑扎牢固。
（3）储油柜、油位正常，外壳干净。
（4）接地可靠，接地电阻值符合规定。
（5）套管、压线、螺栓等部件齐全。
（6）呼吸孔道通畅。
柱上变压器安装如图 5-5 所示。

图 5-5　柱上变压器安装

13. 杆上变压器补油及油样的抽取有什么要求？

答：（1）当变压器油位指示低于规定值时，应对变压器进行补油处理。
（2）为鉴别变压器油质好坏，应对变压器进行取样试验分析。
（3）注油、取油样应在晴好无风的天气情况下进行。
（4）注油前应进行混油试验。
（5）变压器停运后补油应放置一定时间，待变压器油冷却后开启储油柜螺钉，防止溢油。
（6）变压器注油时空气湿度应小于 75% 并符合相关要求，按原变压器绝缘油牌号添加。
（7）变压器注油时应使用清洁的专用工具进行。
（8）打开储油柜上部的螺钉插入加油漏斗，将实验合格的变压器油缓缓倒入储油柜内，按当时的温度应使油面在油标的合适高度处绝不能将储油柜充满，以免温度升高时油外溢。
（9）用专用油样瓶从变压器取油样阀中取出油样，进行耐压试验及介质损耗试验。
柱上变压器补油如图 5-6 所示。

14. 处理杆上变压器导电杆及瓷套轻微破损时有什么要求？

答：（1）变压器导电杆与引线连接应接触牢固、无松动，无放电痕迹。

图 5-6　柱上变压器补油

（2）变压器套管应清洁，无渗油、破损。

（3）当变压器导电杆与引线接触不良时，易引起接触面氧化或电腐蚀。可用 100 目以上砂纸对接触表面进行打磨。

（4）套管应清洁无裂纹，裙边无破损，如有破损应立即更换。

（5）套管密封胶垫有轻微渗油时，可通过紧固套管固定螺栓等方法进行处理，并采取措施防止螺杆转动。

变压器导电杆如图 5-7 所示。

图 5-7　变压器导电杆

15. 箱式变压器施工前的现场检查有什么要求？

答：（1）检查变压器是否符合设计要求，附件、备件是否齐全。

（2）查验合格证和出厂试验记录。核对变压器铭牌技术数据，本体及附件外观检查无损伤及变形，绝缘件无缺损、裂纹，充油部分不渗漏，充气高压设备气压指示正常，涂层完整。

（3）检查土建标高、尺寸、结构及预埋件焊件强度是否符合设计要求。

（4）检查基础两侧埋设的防小动物通风窗，尺寸是否达到 300mm × 150mm（宽 × 高）。

（5）检查砖、钢筋、水泥、掺和料是否符合设计要求，有无出厂合格证书。

（6）检查预埋铁件焊口是否饱满，有无虚焊现象，防腐处理是否符合设计要求。

箱式变压器如图 5-8 所示。

16. 箱式变压器的安装有什么要求？

答：（1）箱式变压器应水平安放在事先做好的基础上，然后将产品底座与基础之间的

图 5-8　箱式变压器

缝隙用水泥沙浆抹封，以免雨水进入电缆室。通过高、低压室的底封板接入高、低压电缆。

（2）电缆与穿管之间的缝隙应密封防水。

（3）箱式变压器底座槽钢上的两个主接地端子、变压器中性点及外壳、避雷器下桩头等均应分别直接接地。

（4）箱式变压器基础应设通风孔。

（5）箱式变压器交接试验应合格。

（6）高压开关熔断器等与变压器组合在同一个密闭油箱内的箱式变电站，试验按产品提供的技术文件要求执行。

（7）应采用专用吊具底部起吊。

（8）应共用一组接地装置，在基础四角打接地桩，然后连成一体，其接地电阻应小于 4Ω，从接地网引至箱变的接地引线应不少于 2 条。

（9）高压电气设备部分按 GB 50150—2016《电气装置安装工程　电气设备交接试验标准》的规定交接试验合格。

（10）低压成套配电柜相间和相对地间的绝缘电阻值应大于 0.5MΩ；交流工频耐压试验电压应为 1kV。当绝缘电阻值大于 10MΩ 时，可采用 2500V 绝缘电阻表替代，试验持续时间间隔 1min 无击穿闪络现象。

第 6 章　高、低压电器

1. 简述真空断路器的主要特点。

答：真空断路器主要适用于 35kV 及以下的户内变电站。其特点为体积小、质量轻、维护工作量小；灭弧能力强，燃弧时间、全分断时间短；触头开距小，机械寿命长；可连续多次自动重合闸，开断电容电流的性能好；没有易燃、易爆介质，无爆炸和火灾危险，操作安全，尤其适用于频繁操作及故障较多的场所。真空断路器如图 6-1 所示。

2. 简述 SF_6 断路器的主要特点。

答：①开断性能良好，电寿命长；②绝缘可靠，气压在零表压下可耐受 42kV 5min；③零表压下可分断额定电流；④机械可靠性高，可用于频繁操作的场所；⑤结构简单，体积小，检修周期长。SF_6 断路器如图 6-2 所示。

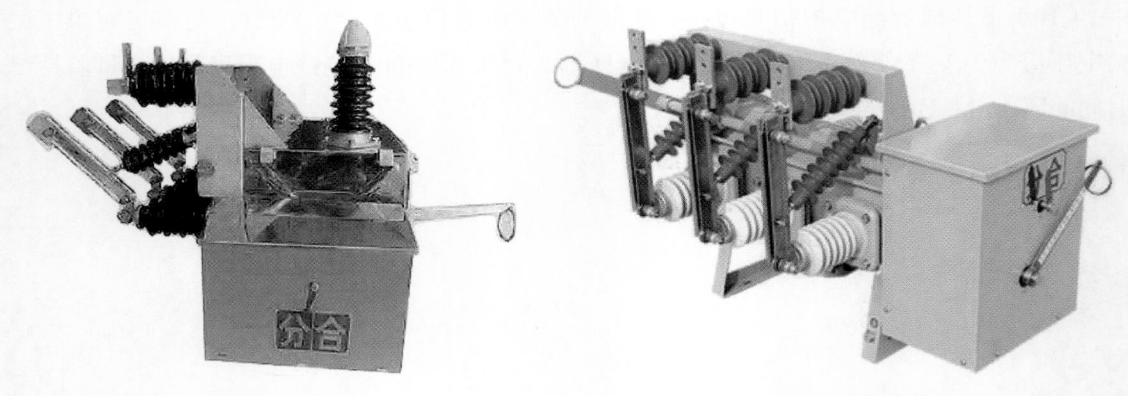

图 6-1　真空断路器　　　　图 6-2　SF_6 断路器

3. 柱上断路器的安装要求是什么?

答：(1) 混凝土电杆的埋设应牢固、可靠。

(2) 操作断路器时混凝土电杆和支架应无明显摇动现象。

(3) 断路器应可靠接地。

(4) 断路器的接线端子在接线时不允许拉动，并保证在正常情况下不受外力的影响。

柱上断路器如图 6-3 所示。

4. 低压断路器安装前的检查应符合哪些要求?

答:（1）衔铁工作面上有无油污，应擦净。

（2）触头闭合、断开过程中，可动部分与灭弧室的零件是否有卡阻现象。

（3）各触头的接触平面是否平整；开合顺序、动静触头分闸距离等是否符合设计要求或产品技术文件的规定。

（4）灭弧室是否受潮，安装前应烘干，烘干时应监测温度。

图 6-3　柱上断路器

5. 简述隔离开关的用途。

答：隔离开关没有灭弧装置，所以不能用来直接接通、切断负荷电流和短路电流，其主要用途是保证电路中检修部分与带电体的隔离。隔离开关如图 6-4 所示。

图 6-4　隔离开关

6. 柱上隔离开关施工前的现场检查要求是什么?

答:（1）设备技术性能、参数应符合设计要求。

（2）各项电气试验合格。

（3）瓷件（复合套管）外观应良好、干净。

（4）进行分合试验操作时机构灵活，经分合操作 3 次以上，指示正常。

（5）动静触头宜涂抹导电膏，极寒地区应考虑温度影响。

7. 柱上隔离开关的安装要求是什么?

答:（1）支架安装符合相关规定。

（2）柱上隔离开关安装在支架上应固定可靠。

（3）接线端子与引线的连接应采用线夹，如有铜铝连接时应有过渡措施。

（4）引线连接紧密，引线相间距离不小于 300mm，对杆塔及构件距离不小于 200mm。

（5）操动机构应灵活，分合动作正确可靠。

（6）静触头安装在电源侧，动触头安装在负荷侧。

图 6-5　安装好的隔离开关

（7）若为柱上隔离开关检修，在拆除原开关引线后，应采取有效措施固定引线（带电作业法），防止解开后的引线反弹或相间放电、短路。

安装好的隔离开关如图 6-5 所示。

8. 简述隔离开关的操作要求。

答：（1）操作隔离开关时，应先检查相应回路的断路器确实在断开位置，以防止带负荷拉、合隔离开关。

（2）线路停送电，必须按顺序拉、合隔离开关。停电操作时，必须先拉断路器，后拉线路侧隔离开关，再拉母线侧隔离开关。送电顺序与此相反。

（3）隔离开关操作后，应逐相检查分、合闸位置，同期情况，触头接触深度，确保隔离开关动作正确，位置正确。

9. 简述跌落式熔断器的安装要求。

答：（1）支架安装符合 DL/T 5220—2017《10kV 及以下架空配电线路设计技术规程》相关规定。

（2）跌落式熔断器安装在支架上应固定可靠。

（3）接线端子与引线的连接应采用线夹，如有铜铝连接时应有过渡措施。

（4）容量在 100kVA 及以下者，熔丝按变压器容量额定电流的 2～3 倍选择；容量在 100kVA 以上者，熔丝按变压器容量额定电流的 1.5～2 倍选择。

（5）引线连接紧密，引线相间距离不小于 300mm，对杆塔及构件距离不小于 200mm。

（6）操作应灵活可靠、接触紧密，合熔丝管时上触头应有一定的压缩行程。

（7）跌落式熔断器水平相间距离应不小于 500mm，对地距离不小于 5m。

（8）熔丝轴线与地面的垂线夹角为 15°～30°。

（9）若为跌落式熔断器检修，在拆除原熔断器引线后，应采取有效措施固定引线（带电作业法），防止解开后的引线反弹或相间放电、短路。

安装好的跌落式熔断器如图 6-6 所示。

10. 简述避雷器的安装要求。

答：（1）避雷器安装在支架上应固定可靠，螺栓应紧固。

（2）接线端子与引线的连接应可靠。

（3）避雷器安装应垂直，排列整齐，高低一致。

（4）避雷器引下线应可靠接地。

（5）接地线接触应良好。

（6）避雷器的带电部分与相邻导线或金属架的距离不应小于 350mm。

（7）杆上避雷器排列整齐、高低一致。相间距离：1～10kV 时，不小于 350mm；1kV 以下时，不小于 150mm。

（8）引线应短而直，连接应紧密，引线相间距离应不小于 300mm，对地距离应不小于 200mm。采用绝缘线时，其截面积应符合以下规定：

图 6-6　安装好的跌落式熔断器

1）引上线：铜线不小于 $16mm^2$，铝线不小于 $25mm^2$；

2）引下线：铜线不小于 $25mm^2$，铝线不小于 $35mm^2$。

（9）避雷器的引线与导线连接要牢固，紧密接头长度不应小于 100mm。

（10）避雷器必须垂直安装，倾斜角不应大于 15°，倾斜度小于 2%。

（11）避雷器上、下引线不应过紧或过松，与电气部分连接，不应使避雷器产生外加应力。

（12）若为避雷器检修，在拆除原避雷器上引线后，应采取有效措施固定引线（带电作业法），防止解开后的引线反弹或相间放电、短路。

（13）瓷套与固定抱箍之间需加垫层。

（14）引下线接地要可靠，接地电阻值不大于 10Ω。

安装好的避雷器如图 6-7 所示，热爆脱离型跌落式避雷器如图 6-8 所示。

图 6-7　安装好的避雷器

11. 封闭式负荷开关安装应注意哪些事项?

答:(1)开关的金属外壳应可靠接地或接零,防止因意外漏电导致操作者发生触电事故。

(2)接线时,应将电源线接在静触座的接线端子上,负荷接在熔断器一端。如果接反了检修时将会不安全。

(3)检查封闭式负荷开关的机械联锁是否正常,速断弹簧有无锈蚀变形。

(4)检查压线螺钉是否完好,能否拧紧不松扣。

封闭式负荷开关如图 6-9 所示。

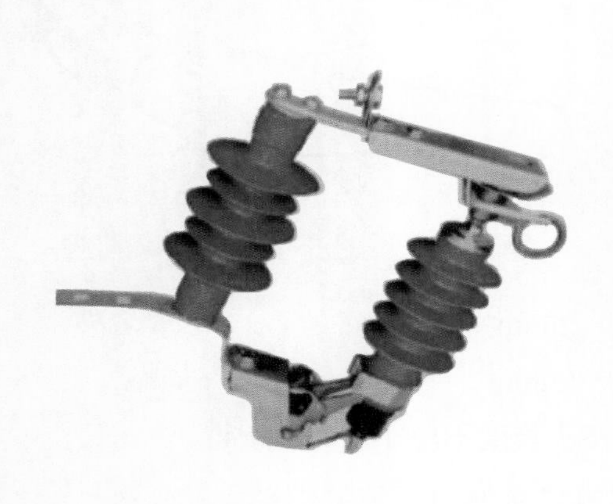

图 6-8　热爆脱离型跌落式避雷器

图 6-9　封闭式负荷开关

12. 简述交流接触器的结构。

答:交流接触器主要由电磁系统、触点系统、灭弧装置及辅助部件组成。电磁系统由电磁线圈、铁芯、衔铁等部分组成,其作用是利用电磁线圈的得电或失电,使衔铁和铁芯吸合或释放,实现接通或切断电路的目的。交流接触器的触点分为主触点和辅助触点。主触点用于接通或分断电路较大的主电路。一般由三对接触面较大的动合触点组成。辅助触点用于接通或开断电流较小的控制电路,一般由两对动合和动断触点组成。

13. 简述交流接触器的作用。

答:交流接触器是一种电磁开关,用于远距离频繁地接通或开断交、直流主电路及大容量控制电路。接触器的主要控制对象是电动机,能完成启动、停止、正转、反转等多种控制功能;也可用于控制其他负载,如电热设备、电焊机和电容器等。交流接触器如图 6-10 所示。

14. 交流接触器的选用原则是什么?

答:(1)持续运行的设备。接触器按额定电流的 67%～75% 计算,即 100A 的交流接

触器只能控制最大额定电流 67～75A 的设备。

（2）间断运行的设备。接触器按额定电流的 80% 计算。

（3）反复短时工作的设备。接触器按额定电流 116%～120% 计算。

除额定工作电压与被控设备的额定工作电压相同外，还要考虑被控设备的负载功率、使用类别、控制方式、操作频率、工作寿命、安装方式、安装尺寸以及经济性等。

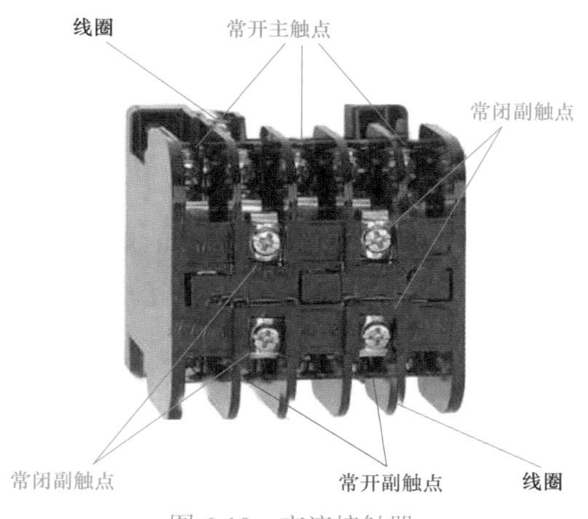

图 6-10　交流接触器

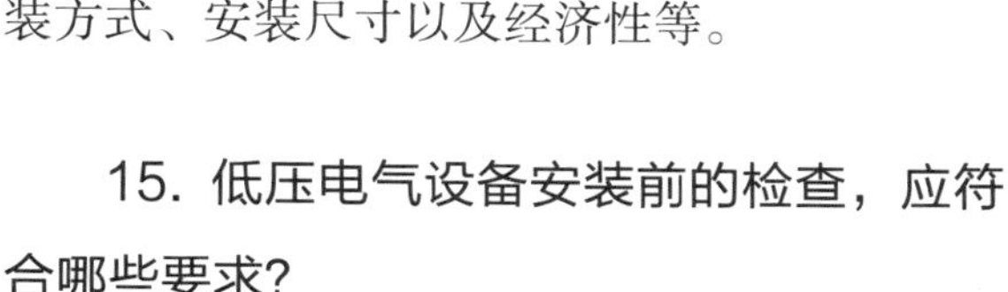

15. 低压电气设备安装前的检查，应符合哪些要求?

答：（1）设备铭牌、型号、规格，应与被控制线路或设计相符。

（2）外壳、漆层、手柄应无损伤或变形。

（3）内部仪表、灭弧罩、瓷件、胶木电器应无裂纹或伤痕。

（4）具有主触头的低压电器，触头的接触应紧密，采用 0.05mm × 10mm 的塞尺检查，接触两侧的压力应均匀。

（5）附件应齐全、完好，螺丝应拧紧。

16. 低压电器的安装固定应符合哪些要求?

答：（1）低压电器根据其结构不同，可采用支架、金属板、绝缘板固定在墙、柱或其他建筑构件上。金属板、绝缘板应平整；当采用卡轨支撑安装时，卡轨应与低压电器匹配，并用固定夹或固定螺栓与壁板紧密固定，严禁使用变形或不合格的卡轨。

（2）当采用膨胀螺栓固定时，应按产品技术要求选择螺栓规格；其钻孔直径和埋设深度应与螺栓规格相符。

（3）紧固件应采用镀锌制品，螺栓规格应选配适当，电器的固定应牢固、平稳。

（4）有防震要求的电器应增加减震装置；其紧固螺栓应采取防松措施。

（5）固定低压电器时，不得使电器内部受额外应力。

17. 安装低压电器的外部接线应符合哪些要求?

答：（1）接线应按接线端头标志进行。

（2）接线应排列整齐、清晰、美观，导线绝缘应良好、无损伤。

（3）电源侧进线应接在进线端，即固定触头接线端；负荷侧出线应接在出线端，即可动触头接线端。

（4）电器的接线应采用铜质或有电镀金属防锈层的螺栓和螺钉，连接时应拧紧，且应有防松装置。

（5）外部接线不得使电器内部受到额外应力。

（6）母线与电器连接时，接触面应符合 GB 50149—2010《电气装置安装工程母线装置施工及验收规范》的有关规定。

18. 低压配线对导线与设备、器具的连接有何要求?

答：（1）截面积为 $10mm^2$ 及以下的单股铜芯和单股铝芯线可直接与设备、器具的端子连接。

（2）截面积为 $2.5mm^2$ 及以下的多股铜芯线的线芯应先拧紧、搪锡或压接端子后再与设备、器具的端子连接。

（3）多股铝芯线和截面积大于 $2.5mm^2$ 多股铜芯线的终端，除设备自带的压接端子外，应焊接或压接后再与设备、器具相连。

低压配电柜如图 6-11 所示。

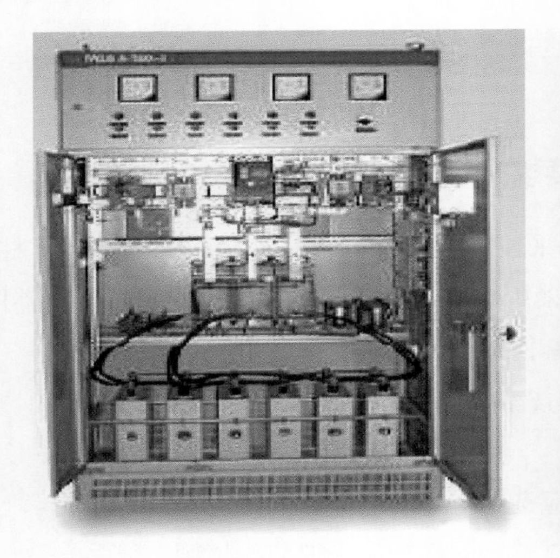

图 6-11　低压配电柜

第7章 电 力 电 缆

1. 电缆线路的路径选择的原则有哪些?

答:(1)安全运行方面，尽可能避免各种外来损坏，提高电缆的供电可靠性。

(2)经济方面，尽量节约投资。

(3)施工方面，电缆线路的路径必须便于施工和投运后的维修。

电缆线路路径选择见图 7-1。

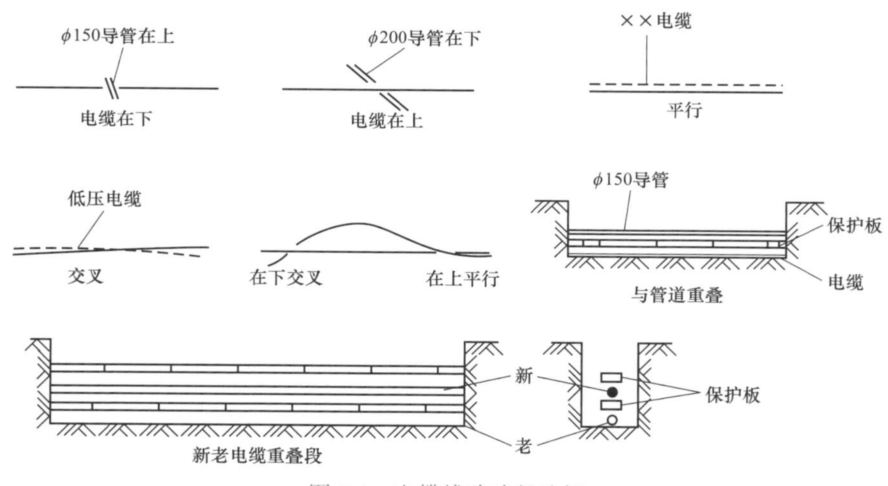

图 7-1 电缆线路路径选择

2. 电缆敷设的工艺标准有哪些?

答:电缆敷设应做到横看成线、纵看成行，引出方向一致，裕度一致，避免交叉压叠，整齐美观。电缆沟敷设效果如图 7-2 所示。

图 7-2 电缆沟敷设

3. 在哪些地点电缆应穿入保护管内?

答:(1)电缆引入及引出建筑物、隧道、沟道处。

(2)电缆穿过楼板及墙壁处。

(3)引至电杆上或沿墙敷设的电缆离地面

2m 高的一段。

（4）室外电缆穿越道路时，室内电缆可能受到机械损伤的地方，以及室内人容易接近的电缆距地面 2m 高的一段。

（5）装在室外容易被碰撞处的电缆加装保护管，保护管的埋入深度为 0.2～0.3m。

（6）电缆穿越变配电所层面，均要用防火堵料封堵。电缆穿入变配电站的孔或洞均经封堵密封，有效防水。

电缆引入配电箱如图 7-3 所示。

图 7-3　电缆引入配电箱

4. 电缆在哪些地点应挂标志牌?

答：电缆两端，改变电缆方向的转角处，电缆竖井口，电缆的中间接头处。

5. 电缆在哪些地点要用夹头固定?

答：水平敷设直线段的两端，垂直敷设的所有支持点，电缆转角处弯头的两侧，电缆端头颈部，中间接头两侧支持点。电缆固定如图 7-4 所示。

图 7-4　电缆固定

6. 电缆敷设的注意事项有哪些?

答：（1）单芯电缆的固定支架不应形成磁回路，夹头应采用铜、铝或其他非磁性的材料。单芯电缆穿入的导管同样需要采用非磁性材料。

（2）电缆的最小允许弯曲半径与电缆外径的比值应符合表 7-1 的规定。

表 7-1　　　　电缆的最小允许弯曲半径与电缆外径的比值

电缆种类	电缆护层结构	单芯	多芯
油浸纸绝缘电力电缆	铠装或无铠装	20	15
橡塑绝缘电力电缆	有金属屏蔽层	10	8
	无金属屏蔽层	8	6
	铠装		12
控制电缆	铠装		10
	非铠装		6

（3）控制电缆（尤其是用于电流回路）不允许有中间接头，只有敷设长度超过制造长度（250m）才允许有接头。

（4）多根电力电缆并列敷设时，电缆接头不要并排装接，应前后错开。接头盒用托板托置，并用耐电弧隔板隔开，托板及隔板两端要伸出接头盒 0.6m 以上，也可采用套一段钢管来保护。

（5）敷设电缆时，电缆应从电缆盘上端引出，用滚筒架起，防止在地面摩擦，不要使电缆过度弯曲。注意检查电缆，电缆上不能有未消除的机械损伤（如压扁、拧绞、铅包拆裂及铠装严重锈蚀断裂等）。

（6）铠装电缆在锯切前，应在锯口两侧各 50mm 处用铁丝绑牢。塑料绝缘电缆做防水封端。

（7）敷设电缆装牵引头时，线芯承受拉力一般以线芯导线抗拉强度的 25% 为允许拉力。

（8）敷设电缆时，应专人指挥，以鸣哨和扬旗为行动指令，路线较长时应分段指挥，全线听从指挥、统一行动。

（9）电缆进入沟道、隧道、竖井、建筑物、屏柜内以及穿入管子时，出入口应封闭，防止小动物、防水及防火等灾害。封闭方法可根据情况选择，如用玻璃丝绵、保温材料、铁板、沥青等。

（10）电缆敷设时以长铁丝临时绑扎固定，待敷设完毕后，应及时整理电缆，将电缆按设计位置排列放置，电缆理直，并按前述要求用卡子固定、补挂电缆牌等，在上屏的地方应留有适量的弯头裕度。

（11）电缆敷设后，在填土前，必须及时通知资料人员进行电缆和接头位置等丈量登录和绘图。

电缆敷设示意图如图 7-5 所示。

7. 电缆的常见敷设方式有哪几种?

答：①地下直埋敷设；②沿电缆沟敷设；③安装在地下隧道内；④安装在建筑物内部墙上；⑤安装在桥梁构架上；⑥敷设在排管内；⑦敷设在水底；⑧架空敷设。

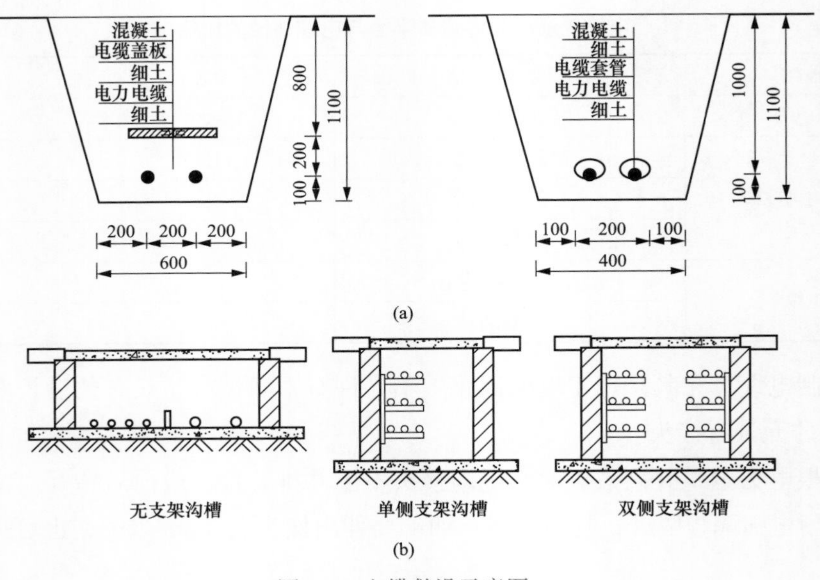

图 7-5　电缆敷设示意图

（a）直埋敷设；（b）沟槽敷设

8. 直埋电缆有哪些要求?

答:（1）电缆必须埋于冻土层以下，沟底要求是良好的软土层，没有石块和其他硬质杂物，否则应铺上 100mm 厚的沙或软土层。电缆上面也要覆盖一层不小于 100mm 厚的软土或沙层。覆盖层上面用混凝土板或砖块覆盖，宽度超过电缆两侧各 50mm，防止电缆受机械损伤。板上面再将原土回填好。

（2）直埋电缆要求既有一定的机械强度，又要能抗腐蚀，因此要选用带麻被外护层的铠装电缆或有塑料外护层的铠装塑料电缆。敷设线路上有腐蚀性土壤时，应按设计规定处理，否则不能直埋，还应考虑其他危害。

（3）电缆直埋敷设应按一定的波浪形摆放，以防地层不均匀沉陷损坏电缆。电缆中间接头盒应置于面积较大的混凝土板上，接头盒排列位置应互相错开，接头两端电缆要有一定裕度，电缆及接头盒位置应设立标志桩。还应绘制电缆敷设位置图以便移交运行单位。

9. 电力电缆线路的巡视周期是如何规定的?

答:（1）一般电缆线路每 3 个月至少巡视一次。根据季节和城市基建工程的特点相应增加巡视的次数。

（2）竖井内的电缆每半年至少巡视一次。

（3）电缆终端每三个月至少巡视一次。

（4）特殊情况下，如暴雨、洪水等，应进行专门的巡视。

（5）对于已暴露在外的电缆，应及时处理并加强巡视。

（6）水底电缆线路根据情况决定巡视周期。如敷设在河床上的可每半年一次，在潜水条件许可时应派潜水员检查，当潜水条件不允许时可采用测量河床变化情况的方法代替。

10. 电缆故障的修复需要掌握的两项重要原则是什么？

答：（1）电缆受潮部分应予以锯除；

（2）绝缘材料或绝缘介质有碳化现象应予以更换。

11. 测量电力电缆绝缘电阻的步骤及注意事项有哪些？

答：（1）试验前电缆要充分放电并接地，方法是将电缆导体及电缆金属护套接地；

（2）根据被试电缆的额定电压选择适当的绝缘电阻表，并作空载和短路试验，检查仪表是否完好。1kV 以下电压等级的电缆用 500～1000V 绝缘电阻表；1kV 以上电压等级的电缆用 1000～2500V 绝缘电阻表。

（3）绝缘电阻表有三个接线端子：接地端子 E、屏蔽端子 G、线路端子 L。为了减小表面泄露可这样接线：用电缆另一导体作为屏蔽回路，将该导体两端用金属软线连接到被测试的套管或绝缘上并缠绕几圈，再引接到绝缘电阻表的屏蔽端子上。

（4）线路端子上引出的软线处于高压状态，不可托放在地上，应悬空。遥测方法是“先摇后搭，先撤后停”。

（5）手摇绝缘电阻表，到达额定转速后，再搭接到被测导体上。一般在测量绝缘电阻的同时测定吸收比，故应读取 15s 和 60s 时的绝缘电阻值。

（6）每次测完绝缘电阻后都要将电缆放电、接地。电缆线路越长，绝缘状况越好，则接地时间越长，一般不少于 1min。

12. 为什么架空线路允许短时过负荷运行，而电缆线路则不行？

答：（1）架空线路的导线暴露在空气中，散热容易，只要不是严重过负荷且时间不长，除增大功率损失和电压损失外，温度上升不多，影响并不严重。

（2）电缆线路却不同，电缆的芯线包有绝缘纸及保护层，即使短时过负荷，由于不宜散热，导线温度很快上升，使绝缘老化，同时发热还会使铅包胀裂，损坏后不易修复。因此，一般不允许电缆线路过负荷运行。

13. DL/T 499—2001《农村低压电力技术规程》规定农村低压电力电缆的选用有哪些要求？

答：（1）一般采用聚氯乙烯绝缘电缆或交联聚乙烯绝缘电缆。

（2）在有可能遭受损伤的场所，应采用有外护层的铠装电缆；在有可能发生位移的土壤中（沼泽地、流沙、回填土等）敷设电缆时，应采用钢丝铠装电缆。

（3）电缆截面的选择，一般按电缆长期允许载流量和允许电压损耗确定，并考虑环境温度变化、土壤热阻率等影响，以满足最大工作电流作用下的缆芯温度不超过按电缆使用寿命确定的允许值。

14. 电缆钢支架及安装应符合什么要求?

图 7-6 电缆钢支架安装

答：（1）所用钢材应平直，无显著扭曲，切口处应无卷边、毛刺。

（2）支架应安装牢固、横平竖直。

（3）支架必须先涂防腐底漆，油漆应均匀完整。

（4）安装在湿热、盐雾以及有化学腐蚀地区的电缆支架，应做特殊的防腐处理或热镀锌，也可采用其他耐腐蚀性能较好的材料制作支架。

电缆钢支架安装如图 7-6 所示。

15. 简述 10kV 电缆分支箱的安装要求。

答；（1）电缆分支箱与基础应固定可靠。

（2）进入电缆分支箱的三芯电缆用电缆卡箍固定在高压套管的正下方。

（3）电缆从基础下进入电缆分支箱时应有足够的弯曲半径，能够垂直进入。

（4）电缆进出口应进行防火、防小动物封堵。

（5）电缆终端部件符合设计要求，电缆终端与母排连接可靠，搭接面清洁、平整、无氧化层，涂有电力复合脂，符合规范要求。

（6）已安装的故障指示器应安装紧固，防止滑动而造成脱落。

（7）电缆应相色标识正确清晰。

（8）安装完成后应对箱内机械部件和电气部件进行调试，并进行绝缘试验、工频耐压试验、主回路电阻测量及接地电阻测量。

（9）电缆分接箱应具有标志、警告牌。

（10）箱体调校平稳后，采用地脚螺栓固定，螺帽应齐全并拧紧牢固。

（11）电缆接线端子压接时，线端子平面方向应与母线套管铜平面平行。

（12）电缆各相线芯应垂直对称，离套管垂直距离应不小于 750mm。

（13）对箱内机械部件调试时，要保证柜门开闭灵活、操动机构动作可靠、机械防护装置动作可靠。

（14）箱体外壳及支架应与接地网可靠连接，接地装置电阻应符合设计要求。

（15）若为分支箱检修，在拆除原分支箱进出线电缆头时应采取措施保护电缆头，防止电缆头受潮进水；并做好相色标志，防止相序接线错误，送电后应采取一次或二次核相。

电缆分支箱如图 7-7 所示。

图 7-7　电缆分支箱

第8章 接 地 装 置

1. 什么是接地装置？

答：电气设备接地引下导线和埋入地中的金属接地体组的总和称为接地装置，如图 8-1 所示。

2. 什么叫接地体？

答：接地体又称接地极，指埋入地中直接与土壤接触的金属导体或金属导体组，是接地电流流向土壤的散流件。利用地下金属构件、管道等作为接地体的称自然接地体；按设计规范要求埋设的金属接地极称为人工接地体，如图 8-2 所示。

图 8-1 接地装置

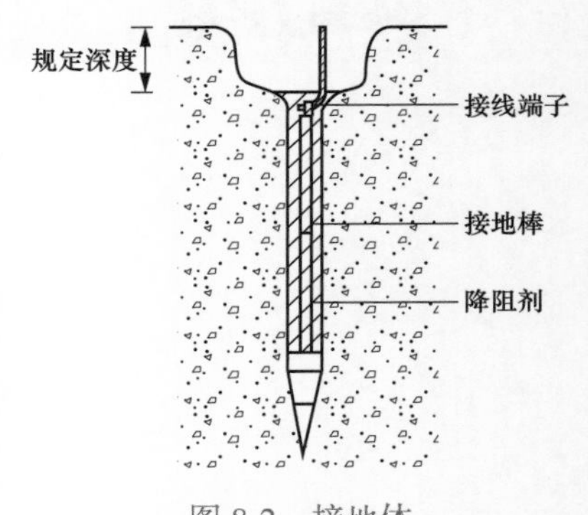

图 8-2 接地体

图 8-3 接地线

3. 什么叫接地线？

答：接地线是指电气设备需要接地的部位用金属导体与接地体相连接的部分，是接地电流由接地部位传导至大地的途径。接地线中沿建筑物表面敷设的共用部分称为接地干线，电气设备金属外壳连接至接地干线部分称为接地支线。接地线如图 8-3 所示。

4. 接地的种类有哪些？

答：接地按照目的的要求不同可以分为下述几类：

（1）工作接地，工作接地是因电气设备正常工作或排除事故的需要而进行的接地，如变压器低压侧中性点接地。

（2）保护接地，保护接地是为了防止设备金属外壳因绝缘损坏而带电进行的接地，如电动机、配电变压器、金属配电箱等设备的金属外壳接地。

（3）防雷接地，防雷接地是为了将雷电流引入大地而进行的接地，如避雷器、避雷针和避雷线的接地。

（4）防静电接地，防静电接地是为了防止由于静电聚集而形成火花放电的危险，把可能产生静电的设备接地，如易燃油、汽、金属储藏的接地。

（5）防干扰接地，防干扰接地是为防止电干扰装设的屏蔽物的接地。

（6）检修接地，检修电气设备或线路时，为防止误送电、感应电或远方雷电等造成电击伤亡而做的接地。

5. 接地电阻的要求有哪些?

答：接地装置的接地电阻是指接地线电阻、接地体电阻、接地体与土壤之间的过渡电阻和土壤流散电阻的总和。

（1）配电变压器低压侧中性点的工作接地电阻一般不应大于 4Ω，但当配电变压器容量不大于 100kVA 时，接地电阻可不大于 10Ω。

（2）非电能计量的电流互感器的工作接地电阻一般可不大于 10Ω。

（3）在 IT 系统中装设的高压击穿熔断器的保护接地电阻不宜大于 4Ω，但当配电变压器容量不大于 100kVA 时，接地电阻可不大于 10Ω。

（4）TN-C 系统中保护中性线的重复接地电阻，当变压器容量不大于 100kVA 且重复接地点不少于 3 处时，允许接地电阻不大于 30Ω。

（5）在 IT 系统中的高土壤电阻率的地区（沙土、多石土壤）保护接地电阻可允许不大于 30Ω。

（6）低压避雷器的接地电阻不宜大于 10Ω。

（7）绝缘子铁脚的接地电阻不宜大于 30Ω，但在 50m 内另有接地点时，铁脚可不接地。

（8）不同用途、不同电压的电力设备，除另有规定外，可共用一个总接地体，接地电阻应符合其中最小值的要求。

6. 人工接地体应符合哪些要求?

答：（1）垂直接地体的钢管壁厚不应小于 3.5mm；角钢厚度不应小于 4.0mm，垂直接地体不宜少于 2 根（架空线路接地装置除外），每根长度不宜小于 2.0m，极间距不宜小于其长度的 2 倍，末端入地 0.6m。

（2）水平接地体的扁钢厚度不应小于4mm，截面积不小于28mm^2，圆钢直径不应小于8mm，接地体相互间距不宜小于5.0m，埋入深度必须使土壤的干燥及冻结程度不会增加接地体的接地电阻值，但不应小于0.6m。

（3）接地体应做防腐处理。

7. 接地体的形式有哪些？

答：根据土壤电阻率的不同，接地体的形式也是多种多样的，一般有以下几种：

（1）放射形接地体，采用一至数条接地带敷设在接地槽中，一般应用在土壤电阻率较小的地区。

（2）环状接地体，用扁钢围绕杆塔构成的环状接地体。

（3）混合接地体，由扁钢和钢管组成的接地体。

接地体按其埋入地中的方式有水平接地体和垂直接地体之分。

8. 接地引下线的规格有哪些？

答：接地引下线一般采用的钢材为：

（1）圆钢引下线直径一般不小于8mm；

（2）扁钢截面不小于12mm × 4mm；

（3）镀锌钢绞线截面积不小于25mm^2。

对低压线路绝缘子铁脚接地可用简易引下线，例如直径为6mm的圆钢，或是两根8号铁线。与空气交界处引下线最好用镀锌钢材，或涂以沥青等防腐剂。

9. 接地装置的检查及测量周期要求是什么？

答：接地电阻的测试应在当地较干燥的季节、土壤电阻率最高的时期进行。当年摇测后于冬季土壤冰冻时期再测一次，以掌握其因地温变化而引起的接地电阻的变化差值，具体规定如下：

（1）接地装置的接地电阻每年测试一次。

（2）各种防雷保护的接地装置，每年至少应检查一次；架空线路的防雷接地装置，每两年测试一次。

（3）独立避雷针的接地装置，一般也是每年在雷雨季前检查一次；接地电阻每5年测试一次。

（4）10kV及以下线路上的变压器，工作接地装置每两年测试一次。

10. 运行中接地装置的巡视检查内容有哪些?

答:(1)电气设备与接地线、接地网的连接有无松动脱落等现象。

(2)接地线有无损伤、腐蚀、断股及固定螺栓松动等现象。

(3)有严重腐蚀可能时,应挖开距地面 50cm 处,检查接地线与地下接地体引接部分的腐蚀程度。

(4)对移动式电气设备,每次使用前必须检查接地线是否接触良好,有无断股现象。

(5)人工接地体周围的地面上不应堆放及倾倒有强烈腐蚀性的物质。

(6)接地装置在巡视检查中若发现有下列情况之一时,应予修复:

1)摇测接地电阻,发现其接地电阻值超过规定值时;

2)接地线连接处焊接开裂或连接中断时;

3)接地线与用电设备压接螺丝松动、压接不实和连接不良时;

4)接地线有机械性损伤、断股、断线以及腐蚀严重(截面减少 30%)时;

5)地中埋设件被水冲刷或由于挖土而裸露地面时。

11. 为什么要测量接地装置的接地电阻?

答:接地装置的接地电阻大小是决定该接地装置是否符合要求的主要条件。新装或运行中的接地装置,必须定期检测,以测量数值与原测试记录和规定值比较,是确定该接地装置是否合格和检修与否的依据,这对保证安全运行是至关重要的。

12. 怎样用接地电阻表测量接地电阻?

答:接地电阻表是专门测量接地电阻的仪表,常用的型号有 ZC-8、ZC-29 等。接地表有 E、P、C 三个接线端子,E 接被测接地装置的接地引线,P 接电压极,C 接电流极。测量用的其他设备有接地棒二根,三条引接线;测量时的接线如图 8-4 所示,测量方法如下:

(1)E 接被测电阻;P 接电压极接地棒,该接地棒距被测电阻不应小于 20m;C 接电流极接地棒,该接地棒距被测电阻距离不应小于 40m。

(2)将接地电阻表放置平稳,检查检流计是否位于零值(中心位置),如不在零值可用零位调整器进行调整。

(3)将倍率标度置于最大位置,慢慢摇动把手,同时调整标度盘,使指针接近于零值的平稳位置,然后加快摇把速度到 120r/min,使指针指于零位,这时标度盘上的标量乘以倍率标度即为接地电阻值。

(4)测量时,如遇指针摆动不定,说明棒与土地接触不良,可适当在接地棒四周夯实。接地电阻测试仪测量接地电阻如图 8-4 所示。

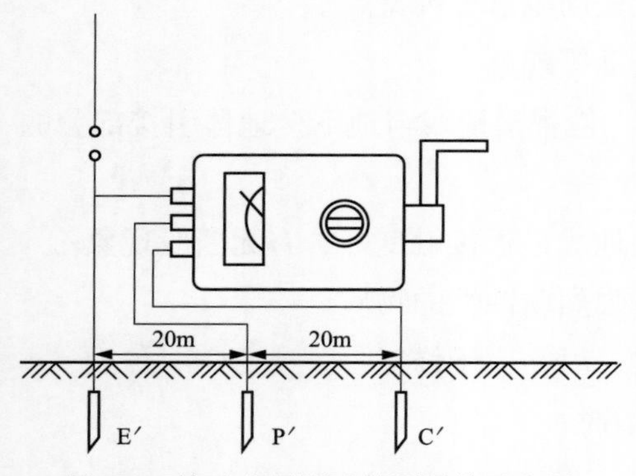

图 8-4 接地电阻测试仪测量接地电阻

13. 测量接地电阻的注意事项有哪些?

（1）测量时需将被测接地装置与电气设备断开，以防测量电压反馈到电气设备上引起事故。

（2）避免雨后立即测量。

（3）为了减少测量误差，电流极、电压极、被测接地体应成直线排列，如因地形限制可作三角形排列，夹角不应小于 60°，并需满足：①接地体至电压极的距离不应小于 20m；②接地体至电流极的距离不应小于 40m。

（4）雷雨时严禁测量接地电阻。

第 9 章　剩余电流动作保护装置

1. 低压电力网接地方式及装置要求是什么?

答：①农村低压电力网宜采用 TT 系统；②城镇电力用户宜采用 TN-C 系统；③对安全有特殊要求的可采用 IT 系统；④同一低压电力网中不应采用两种保护接地方式。

2. TT 系统的具体含义和要求是什么?

答：TT 系统是指变压器低压侧中性点直接接地，系统内所有受电设备的外露可导电部分用保护接地线（PEE）接至电气上与电力系统的接地点无直接关联的接地极上。

采用 TT 系统时应满足以下要求：①除变压器低压侧中性点直接接地外，中性线不得再接地，且应保持与相线同等的绝缘水平；②为防止中性线机械断线，其截面不应小于机械强度要求；③必须实施剩余电流保护；④中性线不得装设熔断器或单独的开关装置；⑤配电变压器低压侧及各出线回路均应装设过电流保护。

TT 系统如图 9-1 所示。

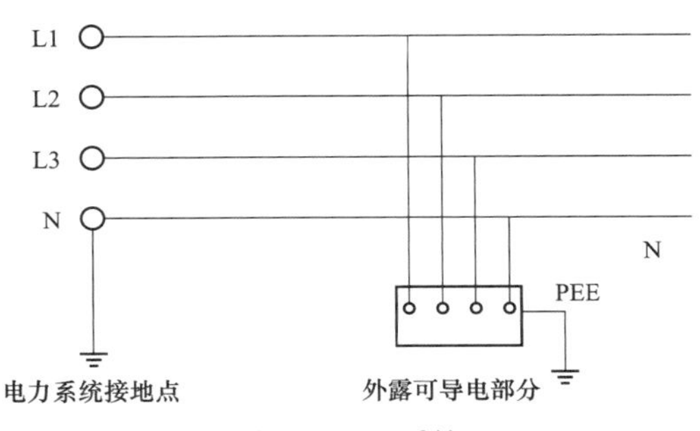

图 9-1　TT 系统

3. TN-C 系统的具体含义和要求是什么?

答：TN-C 系统是指变压器低压侧中性点直接接地，整个系统的中性线（N）与保护线（PE）是合一的，系统内所有受电设备的外露可导电部分用保护线（PE）与保护中性线（N）相连接。

采用 TN-C 系统时应满足的要求：①为了保证在故障时保护中性线的电位尽可能保持接近大地电位，保护中性线应均匀分配重复接地，如果条件许可，宜在每一接户线、引接线处接地；②用户端应装设剩余电流末级保护，其动作电流按要求确定；③保护装置的特性和导线截面必须这样选择：当供电网内相线与保护中性线或外露可导电部分之间发生阻抗可忽略不计的故障时，则应在规定时间内自动切断电源；④保护中性线的截面不应小于规定值；⑤配电变压器低压侧及各出线回路应装设过流保护，包括短路保护、过负荷保护；⑥保护中性线不得装设熔断器或单独的开关装置。TN-C 系统如图 9-2 所示。

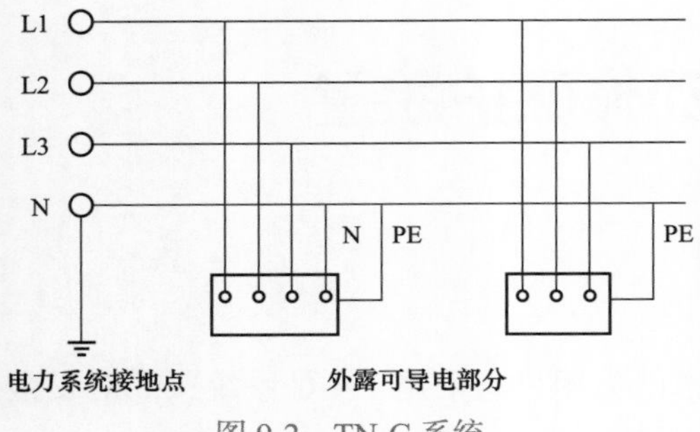

图 9-2 TN-C 系统

4. IT 系统的具体含义和要求是什么？

答：IT 系统是指变压器低压侧中性点不接地或经高阻抗接地，系统内所有受电设备的外露可导电部分用保护接地线（PEE）单独的接至接地极上。

采用 IT 系统时应满足的要求：①配电变压器低压侧及各出线回路均应装设过流保护，包括短路保护、过负荷保护；②网络内的带电导体严禁直接接地；③当发生单相接地故障、故障电流很小，且切断供电不是绝对必要时，则应装设能发出接地故障音响或灯光信号的报警装置，而且必须具有两相在不同地点发生接地故障的保护措施；④各相对地应有良好的绝缘水平，在正常情况下从各相测得的泄漏电流（交流有效值）应小于 30mA；⑤不得从变压器低压侧中性点配出中性线为 220V 单相供电；⑥变压器低压侧中性点和各出线回路终端的相线均应装设高压击穿熔断器。IT 系统如图 9-3 所示。

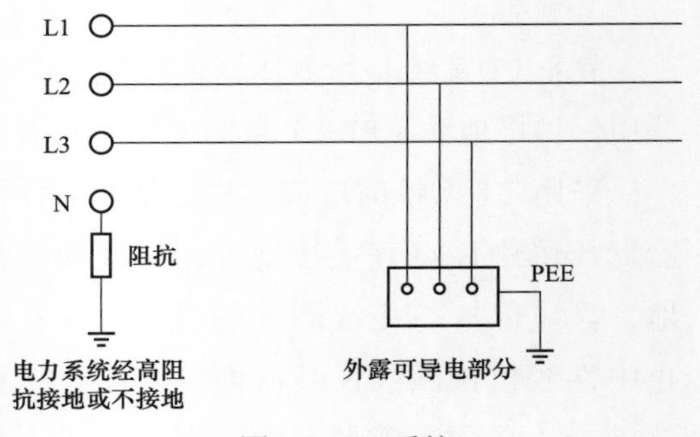

图 9-3 IT 系统

5. 装设在进户线的剩余电流动作保护器，其室内配线的绝缘电阻不应小于多少？

答：晴天不宜小于 0.5MΩ，雨天不宜小于 0.08MΩ。

6. 采用 TT 系统时，必须实施什么保护？

答：剩余电流总保护；剩余电流中级保护（必要时）；剩余电流末级保护。

7. 采用 TT 系统及 TN-C 系统时，配电变压器低压侧及各出线回路均应装什么保护？

答：短路保护，过负荷保护。

8. 剩余电流动作保护器安装场所有何要求？

答：安装场所应无爆炸危险、无腐蚀性气体，并注意防潮、防尘、防振动和避免日

晒；同时避开强电流电线和电磁器件，避免磁场干扰；周围空气温度最高不超过 +40℃，海拔不超过 2000m。

9. 低压电网不同级剩余电流保护的范围如何？

答：（1）剩余电流总保护和中级保护的范围是及时切除低压电网主干线路和分支线路上断线接地等产生较大剩余电流的故障。

（2）剩余电流末级保护装于用户受电端，其保护的范围是防止用户内部绝缘破坏、发生人身间接接触触电等剩余电流所造成的事故，对直接接触触电，仅作为基本保护措施的附加保护。

10. 剩余电流总保护安装在什么位置？

答：安装在电源中性点接地线上、电源进线回路上、各条配电出线回路上。

11. 剩余电流末级保护安装在什么位置？

答：可装在接户或动力配电箱内，也可装在用户室内的进户线上。

12. 农村低压电网选用三级保护时，最大分断时间如何要求？

答：总保护为 0.5s；分路保护为 0.3s；末级保护为 0.1s。总保护、分路保护、末级保护如图 9-4 所示。

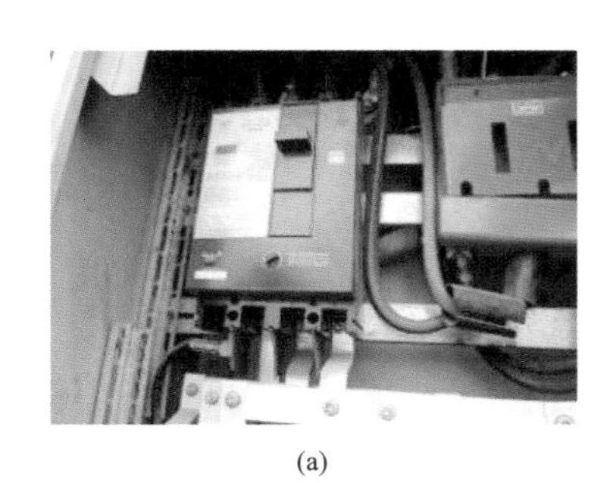

(a)

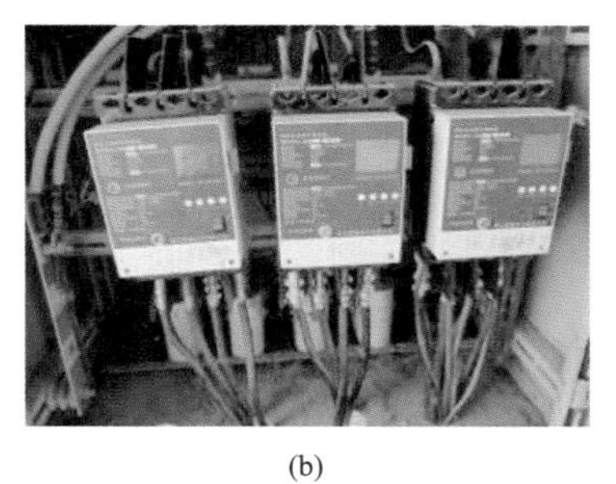

(b)

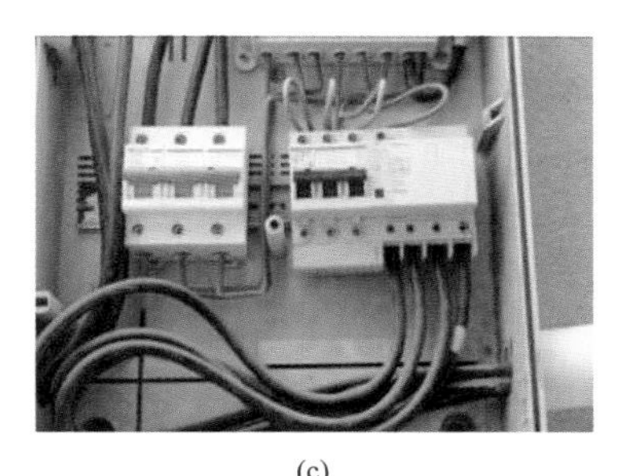

(c)

图 9-4　三级保护

（a）总保护；（b）中级保护；（c）末级保护

13. 剩余电流动作保护器安装后应进行哪些检测？

答：带负荷分、合开关 3 次，不得误动作；用试验按钮试跳 3 次，应正确动作；各相用 1kΩ 左右试验电阻或 40～60W 灯泡接地试跳 3 次，应正确动作。

14. 为检验剩余电流动作保护器在运行中的动作特性及其变化，应定期进行的动作特性试验项目有哪些?

答：测试动作电流值、不动作电流值、分断时间。

15. 什么时间要对剩余电流动作保护器进行试验?

答：每月至少要对保护器试验1次；每当雷击或其他原因使保护器动作后，也应做一次试验。

16. 剩余电流动作保护器动作后，经查验未发现故障原因时，允许试送一次；如果再次动作，应该干什么?

答：查明原因找出故障；必要时对其进行动作特性试验。

17. 解决剩余电流动作断路器负载侧的中性线重复接地造成误动作的方法是什么?

答：增强中性线与地的绝缘，排除零序电流互感器下口中性线重复接地点。

18. 全年要统计辖区内剩余电流动作保护器的什么内容?

答：安装率；有效动作次数；投运率；拒动次数。

19. 简述现场观察分析故障剩余电流动作保护器的基本方法。

答：现场观察分析故障剩余电流动作保护器的方法如下：

（1）问。询问问题的起因、经过和现状，判定故障范围或器件。

图9-5　工作人员分析故障

（2）闻。闻保护器内部、接触器线圈等有无过热烧毁的气味。

（3）看。看保护器装设是否有误，接线是否正确，有无明显损坏的器件，配电变压器中性点接地线接头是否接触良好等。

（4）测。用万用表测量保护器的输入、输出电压是否正常，线圈是否断线，并测量中性点接地电阻是否符合要求。

工作人员分析故障如图9-5所示。

第 10 章　PMS 系统操作应用

1. PMS 是什么？ PMS 系统的特点是什么？

答：PMS 即生产管理系统。实现设备的中压至低压的管理，低压部分实现至表箱、低压用户的管理。

2. PMS 系统在设备维护中的权限管理原则是什么？

答：坚持“设备是谁的、谁进行维护”，设备与管理班组、设备主人的关系体现在每条线路、每个主设备上，同时限定设备数据的维护只能由一线班组来完成。

3. 建立 PMS 系统的目的是什么？

答：目的是建立纵向贯通、横向集成、覆盖电网生产全过程的标准化生产管理系统，主要实现省网生产集约化、精细化、标准化管理，从而提高电网资产管理水平。

4. PMS 系统的理念是什么？

答：PMS 系统突出以设备管理为中心的理念，提供方便的设备管理功能，对于一个设备可以在台账界面直接关联至其巡视信息、缺陷信息、操作票、测试信息、图档信息等，并且可以在系统配置中对台账字段进行扩充。

5. PMS 系统功能模块包含哪些？

答：作业层和管理层，管理层对作业层维护的数据进行统计、分析。

可在系统导航配电网运维管控模块专题分析中，点击基本功能首页进入配电运维管控基本功能首页，可实时显示重过载配电变压器、低电压配电变压器、三相不平衡配电变压器、重过载线路信息，点击方框重点数据信息可显示具体发生状况的台区及线路明细；也可在公用变压器分析中查看所罗列的分析。

6. PMS 可在哪方面提高电网资产管理水平？

答：提高电网生产集约化、精细化、标准化管理。

7. PMS 系统运行维护管理工作的主要内容有哪些?

答：PMS 系统运行维护管理工作的主要内容有运行管理、缺陷管理、“两票”管理、任务计划管理、检修试验管理、图形管理、专项管理。

8. PMS 系统的运行管理中共有几项记录内容?

答：PMS 系统的运行管理中共有以下几项记录内容：巡视记录、交叉跨越测量记录、接地电阻测量记录、设备测温记录、设备测试记录、测设备负荷记录。

9. PMS 系统设备变更包括哪几种?

答：设备异动、设备退役和设备报废三种。

10. PMS 系统中设备台账的生成方式有几种?

答：第一种是铭牌生成台账，设备范围主要包括变电一次设备、配电站房内设备、有电力铭牌的柱上设备等；第二种是图形生成台账，设备范围主要包括输电线路设备、配电线路设备等。

第3篇 营销业务技能及实操

第11章　营　业　业　务

一、业扩管理

1. 业务扩充的定义是什么?

答：业务扩充（即业扩或业扩报装），是电力企业营业工作中的习惯用语，即为新装和增容客户办理各种必需的登记手续和一些业务手续。业务扩充是供电企业电力供应和销售的受理环节，是电力营销工作的开始。业务受理如图 11-1 所示。

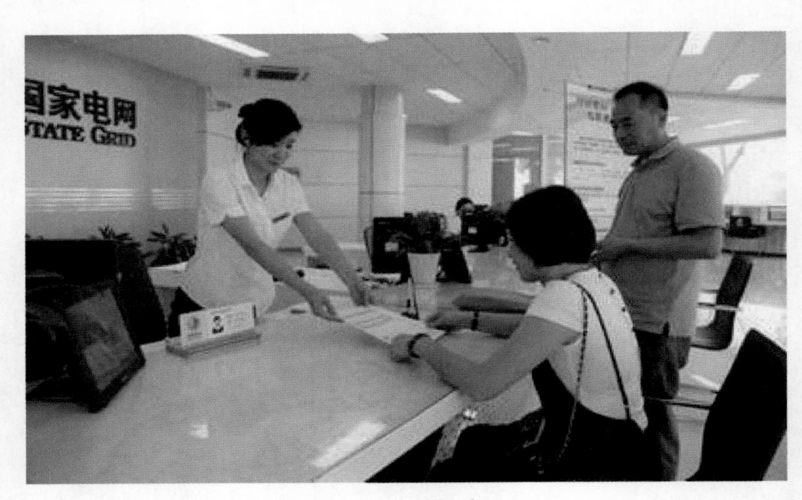

图 11-1　业务受理

2. 确定供电方案的基本原则是什么?

答：(1) 应能满足供用电安全、可靠、经济、运行灵活、管理方便的要求，并留有发展余度。

(2) 符合电网建设、改造和发展规划的要求；满足客户近期、远期对电力的需求，具有最佳的综合经济效益。

(3) 具有满足客户需求的供电可靠性及合格的电能质量。

(4) 符合相关国家标准、电力行业技术标准和规程，以及技术装备先进要求，并应对多种供电方案进行技术经济比较，确定最佳方案。

3. 什么是更名（过户）？对办理更名有何规定？

答：更名（过户）是指依法变更用户名称或居民用户变更房主。应持有关证明向供电企业提出申请。

供电企业应按下列规定办理：

（1）在用电地址、用电容量、用电类别不变条件下，允许办理更名或过户；

（2）原客户与供电企业结清债务，才能解除原供用电关系；

（3）不申请办理过户手续而私自过户者，新用户应承担原用户所负债务。经供电企业检查发现用户私自过户时，供电企业应通知该客户补办手续，必要时可中止供电。

4. 客户减容或暂停后如何确定是否执行两部制电价？

答：大工业客户减容或暂停后，变压器容量已不足执行两部制电价下限的，仍按两部制电价计算。但客户申明为永久性减容的或从加封之日起期满两年又不办理恢复用电手续的，其减容后的容量已不足执行两部制电价下限的，应改为单一制电价计算。

5. 业扩工程中竣工验收的主要内容是什么？

答：（1）输、变电工程建设是否符合审定的设计要求，是否符合国家有关规程规定。

（2）隐蔽工程施工情况，包括电缆沟工程、电缆头制作、接地装置的埋设等。

（3）各种电气设备试验是否合格、齐全。

（4）变电站（室）土建是否符合规定标准。

（5）全部工程是否符合安全运行规程以及防火规范。

（6）安全工器具是否配备齐全，是否经过试验。

（7）操作规程、运行值班制度等规章制度的审查。

6. 供电企业应当方便用户查询哪些信息?

答：（1）用电报装信息和办理进度；

（2）用电投诉处理情况；

（3）其他用电信息。

7. 什么是抄表数据准备?

答：抄表数据准备是指根据抄表计划及其调整内容，获取抄表所需的客户档案资料数据及未结算处理的变更信息，生成所需的抄表数据，为本次抄表采集新的抄表数据及下次抄表做准备。

8. 现场抄表时应注意哪些事项?

答：①认真查看电能计量装置的铭牌、编号、指示数、倍率等，防止误抄、误算；②检查用户的用电情况，发现电量突增、突减时，要在现场查明原因进行处理；③检查计量装置的接线及运行情况，发现窃电及违章用电行为时要在现场填写报告书，保护现场并及时报告；④检查电能表运行有无异常现象，发现故障及时更换；⑤与用户接触时，要用文明用语，注重客户的风俗习惯，讲究工作方法和艺术，争得客户的协助与支持。

9. 需求侧管理的目标是什么?

答：（1）通过负荷管理技术和经济杠杆，改变客户的用电方式，实现移峰填谷，降低电网的最大负荷，提高电力系统设备利用率，延缓电厂建设，减少大气排放等，以较少的新增装机容量达到系统的电力供需平衡；

（2）客户通过采用先进技术和高效设备，提高终端用电效率，减少电能消耗，做到节约用电，合理用电，减少电费支出。通过需求侧管理以取得社会经济效益和环境效益最大化。

10. 什么是客户满意度?

答：客户满意度也叫客户满意指数，是指客户在购买供电企业的产品和服务的过程中，对产品和服务的实际感受与期望值比较的指数。

11. 供电方案的有效期是怎样规定的?

答：《供电营业规则》第二十一条规定：供电方案的有效期是指从供电方案正式通知书发出之日起至交纳供电贴费且受电工程开工日为止。高压供电方案的有效期为一年，低压供电方案的有效期为三个月，逾期注销。用户遇有特殊情况，需延长供电方案有效期的，应在有效期到期前十天向供电企业提出申请，供电企业应视情况予以办理延长手续，但延长时间不得超过前款规定期限。

12. 国家电网有限公司供电服务“十项承诺”中关于电力快捷高效服务是怎样规定的?

答：低压客户平均接电时间：居民客户 5 个工作日，非居民客户 15 个工作日。高压客户供电方案答复期：单电源供电 15 个工作日，双电源供电 30 个工作日。高压客户装表接电期限：受电工程检验合格并办结相关手续后 5 个工作日。

13. 供用电合同应具备哪些条款?

答:（1）供电方式、供电质量和供电时间;
（2）用电容量、用电地址和用电性质;
（3）计量方式，电价和电费结算方法;
（4）供用电设施维护责任的划分;
（5）合同的有效期限;
（6）违约责任;
（7）双方共同认为应当约定的其他条款。

14. 供电设施责任分界点如何确定?

答:供电设施运行维护管理范围按产权归属确定。责任分界点按下列各项确定:

（1）采用公用低压线路供电的，以供电接户线用户端最后支持物为分界点。

（2）采用 10kV 及以下公用高压线路供电的，以用户厂界外或配电室前的第一断路器或第一支持物为分界点。

（3）采用 35kV 及以上公用高压线路供电的，以用户厂界外或用户变电站外的第一基电杆为分界点;

（4）采用电缆供电的，本着便于维护管理的原则，分界点由供电企业与用户协商确定;

（5）产权属于用户且由用户运行维护的线路，以公用线路分支杆或专用线路接引的公用变电站外的第一基电杆为分界点，专用线路第一基电杆属用户;

（6）在电气上的具体分界点，由供用电双方协商确定。

产权分界如图 11-2、图 11-3 所示。

15. 用电变更包括哪些内容?

答:用电变更包括减容、暂停、暂换、暂拆、迁址、移表、过户、分户、并户、销户、改压、改类。

16. 什么是新装用电?

答:新装用电指客户因用电需要初次向供电企业申请报装用电。

17. 什么是增容用电?

答:增容用电是指客户因增加用电设备向供电企业申请增加用电容量。

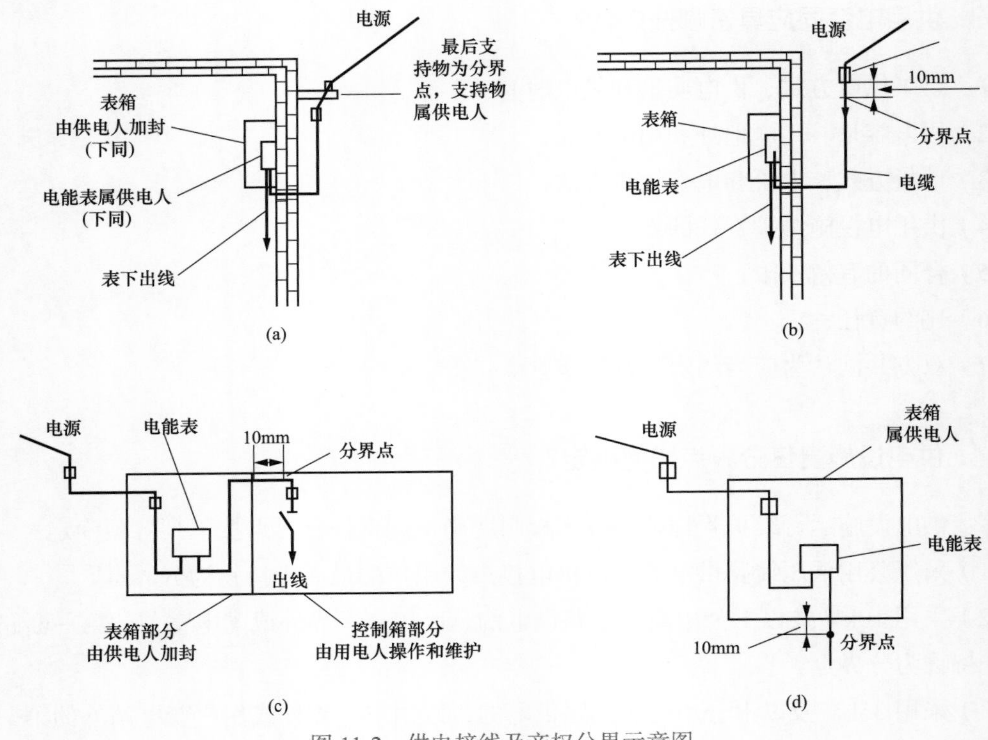

图 11-2　供电接线及产权分界示意图

（a）架空方式进户；（b）电缆方式进户；（c）集中表箱（带出线控制）；（d）集中表箱（不带出线控制）

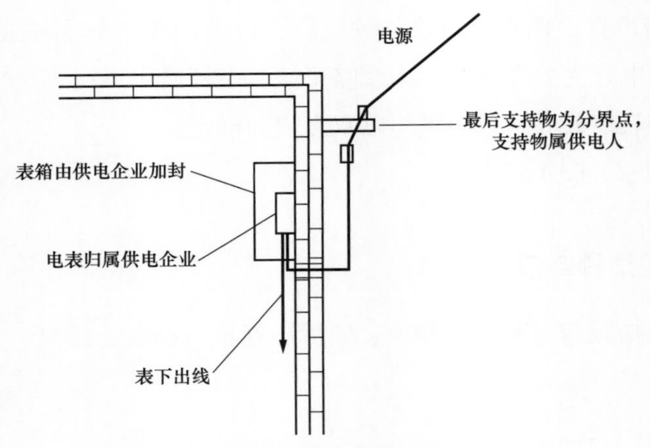

图 11-3　供电接线及产权分界放大图

18. 简述一般低压供电无线路施工的业扩报装工作流程。

答：一般低压供电无线路施工的业扩报装流程如下：

（1）用户提出书面申请，业扩部门调查线路，指定表位；

（2）用户安装完毕后报竣工，业扩部门检验内线；

（3）用户交付有关费用，业扩部门装表接电，传递信息资料。

19. 业扩报装工作包含哪些环节?

答：业扩报装工作包括业务受理、现场勘查、供电方案确定及答复、受理工程设计审核、中间检查及竣工检验、供用电合同签订、装表接电、资料归档、服务回访等环节。

20. 业扩报装工作应该按照什么原则开展工作?

答：应按照“一口对外、便捷高效、三不指定、办事公开”的原则开展工作。

21. 什么是业扩报装一口对外原则?

答：一口对外原则是指建立有效的业扩报装管理体系和协调机制，由客户服务中心负责统一受理用电申请，承办业扩报装的具体业务，并对外答复客户。营销、生产、调度、基建等部门按照职责分工和流程要求，完成业扩报装流程中的相应工作内容。

22. 什么是业扩报装“三不指定”原则?

答：“三不指定”原则是指严格执行统一的技术标准、工作标准、服务标准；尊重客户对业扩报装相关政策、信息的知情权，对设计、施工、设备供应单位的自主选择权，对服务质量、工作质量的评价权；杜绝直接、间接或者变相指定设计单位、施工单位和设备材料供应单位。

23. 高压用户和低压非居民办理新装应该提供哪些材料?

答：(1) 用电登记表。

(2) 客户有效身份证明。

1) 企业、工商业客户提供企业法人营业执照或营业执照复印件，其中，事业单位客户提供事业单位法人证书或组织机构代码证复印件；社会团体客户提供社会团体证书或组织机构代码证复印件；

2) 法人代表身份证复印件；

3) 居民客户身份证复印件。

(3) 产权证明 (复印件) 或其他证明文书。

(4) 主要电气设备清单 (影响电能质量的用户)。

(5) 企业、工商、事业单位、社会团体的申请用电委托代理人办理时，应提供：①授权委托书或单位介绍信 (原件)；②经办人员有效身份证明 (复印件)。

(6) 政府职能部门有关本项目立项的批复、核准、备案文件。

(7) 房屋租赁合同 (协议) 复印件 (协议产权方产权证明原件)；租赁人有效身份证明

（复印件）；产权人同意承租人办理用电的证明材料。

24. 低压居民用户办理新装应该提供哪些材料？

答：（1）用电登记表。

（2）客户有效身份证明。

1）企业、工商业客户提供企业法人营业执照或营业执照复印件，事业单位客户提供事业单位法人证书或组织机构代码证复印件；社会团体客户提供社会团体证书或组织机构代码证复印件；

2）法人代表身份证复印件；

3）居民客户身份证复印件。

（3）产权证明（复印件）或其他证明文书。

25. 现场勘察的主要内容包括哪些？

答：现场勘察时，应重点核实客户负荷性质、用电容量、用电类别等信息，结合现场供电条件，初步确定电源、计量、计费方案。

勘察的主要内容应包括：

（1）对申请新装、增容用电的居民客户，应核定用电容量，确认供电电压，计量装置位置和接户线的路径、长度。其中，新建居民小区客户应现场调查小区规划，初步确定供电电源、供电线路、配电变压器分布位置、低压线缆路径等。

（2）对申请新装、增容用电的非居民户，应审核客户的用电需求，确定新增用电容量、用电性质及负荷特性，初步确定供电电源、供电电压、供电线路、计量方案、计费方案等。

（3）对重要电力客户，应根据《国家电监会关于加强重要电力用户供电电源及自备应急电源配置监督管理的意见》，审核客户行业范围和负荷特性，并根据客户供电可靠性的要求以及中断供电危害程度进行分级。

（4）对申请增容的客户，应核对客户名称、用电地址、电能表箱位、表位、表号、倍率等信息，检查电能计量装置和受电装置运行情况。

26. 供电公司应为客户提供哪些办理业扩报装业务的渠道？

答：供电公司应为客户提供供电营业厅、95598 客户服务热线、网上营业厅等多种报装渠道。供电营业窗口或 95598 客户服务热线工作人员按照“首问负责制”服务要求指导客户办理用电申请业务，向客户宣传解释政策规定。

27. 电能计量点应如何设置?

答：电能计量点原则上应设置在供电设施与受电设施的产权分界处。产权分界处不适宜装表，对专线供电的高压用户，可在供电变压器出口装表计量；对公用线路供电的高压用户，可在用户受电装置的低压侧计量。当用电计量装置不安装在产权分界处时，线路与变压器损耗的有功与无功电量均须由产权所有者负担。

28. 什么是供电方案?

答：供电方案由供电公司提出，经供用电双方协商后确定，满足客户用电需求的电力供应具体实施计划。供电方案可作为客户受电工程规划立项、设计、开工建设的依据。

29. 重要电力客户分为哪几级?

答：根据对供电可靠性的要求，以及中断供电危害程度，重要电力客户可以分为特级、一级、二级重要电力客户和临时性重要电力客户。

30. 什么是主供电源、备用电源、自备应急电源?

答：主供电源指能够正常有效且连续为全部用电负荷提供电力的电源。

备用电源指根据客户在安全、业务和生产上对供电可靠性的实际需求，在主供电源发生故障或断电时，能够有效且连续为全部或部分负荷提供电力的电源。

自备应急电源指由客户自行配备的，在正常供电电源全部发生中断的情况下，能够至少满足对客户保安负荷不间断供电的独立电源。

31. 什么是双电源?

答：双电源是指由两个独立的供电线路向同一个用电负荷实施供电。这两条供电线路由两个电源供电，两个电源可来自两个不同的变电站，或来自有两回及以上进线的同一变电站内的两段不同母线。

32. 什么是分布式电源?

答：分布式电源主要是指布置在电力负荷附近，能源利用效率高并与环境兼容，可提供电、热（冷）的发电装置，如微型燃气轮机、太阳能光伏发电、燃料电池、风力发电和生物质能发电等。分布式电源并网如图 11-4 所示。

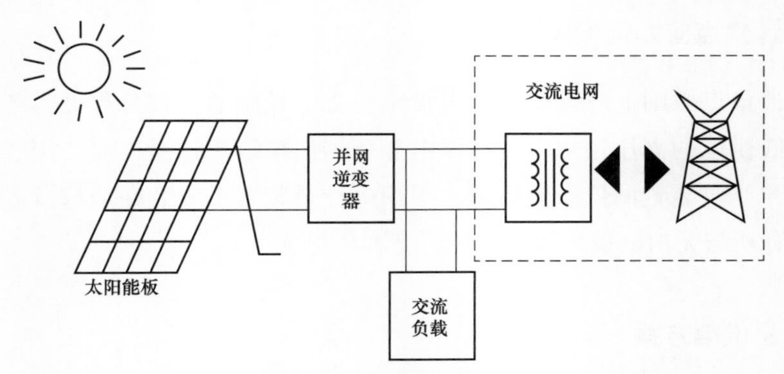

图 11-4　分布式电源并网示意图

33. 供电合同包括哪些种类?

答：包括高压供用电合同、低压供用电合同、临时供用电合同、委托转供电合同、居民供用电合同等。

34. 业扩报装相关环节典型案例分析。

[案例 1] 业扩报装环节出现问题，导致产生阶梯电价。

[事件经过] 客户反映 2015 年 1 月申请新装用电后，电工未及时将客户信息录入系统，导致客户 2015 年产生阶梯电价。

[调查结果] 经核查，客户反映情况属实。该客户 2015 年 1 月向供电所申请用电后，因供电所电能表储备不足，电工为该客户安装临时表计计量，但信息未录入系统，直至 2015 年 10 月该户才正式入户。客户 2015 年 1～11 月电量 1900kwh 全部在 11 月一次性录入营销系统，营销系统默认客户执行一档阶梯电价的电量为 540kwh（自 10 月录入系统当月起，至 2015 年年底共三个月，即 180kWh/ 月 ×3=540kWh），剩余电量分别按照二档和三档来计算，营销系统显示应收电费 1412 元，相比于按 1 月入户计算，该户需多交电费 348 元，因此客户提出投诉。现已将多出的电价部分退还给客户，客户表示满意。

[违规条款] 违反《国家电网公司业扩报装管理规则》第三章第六十七条，"业务办理应及时将相关信息录入营销业务系统。"

违反《国家电网公司电力客户档案管理规定》第四章第二十条，"业务办理人员负责收集、查验客户资料，于送电后 7 个工作日或工作单办结后 4 个工作日内移交档案管理人员，并做好交接记录。档案管理人员应检查客户资料是否完整、准确，包括资料内容是否真实、资料建立是否符合程序、签章是否齐全有效、资料填写时间是否准确等。

[暴露问题] 该电工责任意识、业务技能欠缺，造成工作失职，没有严格按照业扩报装相关规定为客户办理业务。

供电所对业扩报装过程管控不力，造成业扩报装流程外流转，导致客户电费异常。

[考核处理] 按照《国家电网公司供电服务奖惩规定》处理决定如下：对主要责任人予以通报批评，经济处罚 2000 元；对次要责任人予以通报批评，经济处罚 1000 元；按照“四不放过”的原则对相关责任人进行教育和处罚。

[案例 2] 未履行首问负责制，导致客户不满。

2016 年 6 月 6 日客户来电反映，办理新装用电时，营业厅工作人员误将三相用电登记为两相用电，之后该工作人员告知需自行联系电工处理。但客户联系电工时，电工未受理客户申请，客户表示不满。

[原因剖析]（1）客户反映情况确实存在，造成该情况的原因为营业厅工作人员录入系统时失误，且之后电工告知客户需到营业厅办理用电申请，造成客户电表长时间未安装到位，引起投诉。

（2）业扩办理人员责任意识、业务技能欠缺，造成工作失职，没有严格按照业扩报装相关规定为客户办理业务；

[规定依据] 违反《国家电网公司供电服务规范》第三章第十一条第二款：“实行首问负责制。无论办理业务是否对口，接待人员都要认真倾听，热心引导，快速衔接，并为客户提供准确的联系人、联系电话和地址。”

（3）违反《国家电网员工行为十个不准》第五条：“不准违反首问负责制，推诿、搪塞、怠慢客户。”

[考核处理] 按照《国家电网公司供电服务奖惩规定》对责任人处理决定如下：对主要责任人给予经济处罚 3000 元；对该供电所所长给予经济处罚 2000 元。

[案例 3] 勘察不到位，导致客户接电工作搁置。

[事件经过] 2014 年 1 月 2 日，某客户反映 2013 年 3 月 29 日申请新装，费用已缴纳，但一直未装表接电。

[原因剖析] 客户原为合表用电，因与合表户发生电费纠纷申请单独立户。2013 年 3 月，客户办理用电手续时，未对用电状况进行说明，大厅人员收取了报装费用。现场施工时，原合表户拒绝客户从原电源布点搭火，经勘察客户所住房屋附近无其他电源布点，导致客户接电工作搁置。

[原因剖析]（1）报装工作流程不规范，在未进行现场勘察的情况下，提前收取客户报装费用；

（2）确定供电方案时未与客户及时沟通，造成现场无法正常施工，延误接电时间；

（3）装表人员工作责任心不强，推卸责任，受理业务后近一年的时间内未与客户有效沟通，积极协调处理，导致客户用电业务长时间搁置。

[违反规定]（1）《国家电网公司供电服务十项承诺》第六条：装表接电期限为受电工程检验合格并办结相关手续后，居民客户 3 个工作日内送电；

（2）《国家电网公司业扩报装管理规则》第七十一条：对现场不具备供电条件的，应在勘察意见中说明原因，并向客户做好解释工作。

［防范措施］（1）暂时无法确定供电方案时，及时与客户沟通协调，让客户感受到供电公司积极的服务态度。不能长时间搁置客户业务需求，引发投诉隐患。

（2）规范工作流程，完善业扩报装质量考核制度，提升报装服务水平。

（3）强化业扩人员工作规范学习，提升规范服务意识。

二、电能计量装置

1. 什么是电能计量装置?

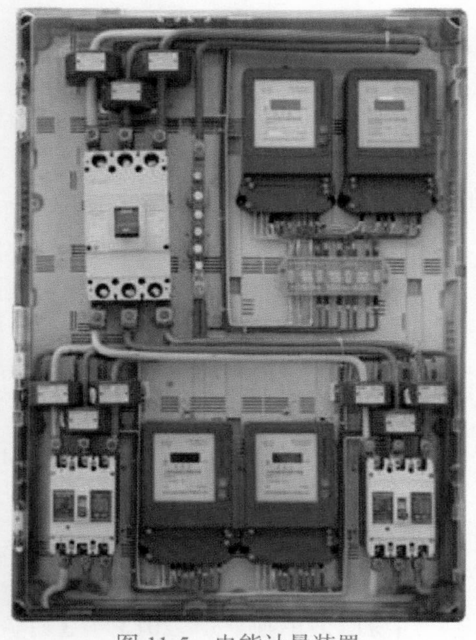

图 11-5　电能计量装置

答：电能表与其配合使用的测量互感器，二次回路及计量箱（柜）所组成的整体称为电能计量装置。

2. 互感器在电能计量装置中有哪些作用?

答：（1）扩大电能表的量程。互感器把高电压转换成低电压、大电流转换成小电流后再接入电能表，从而使得电能表的测量范围扩大。

（2）减少仪表的制造规格和生产成本。

（3）隔离高电压、大电流，保证了人员和仪表的安全。电能计量装置如图 11-5 所示。

3. 简述电流互感器的工作原理。

答：电流互感器的工作原理与变压器基本相同，都是根据电磁感应原理，即一次侧绕组通过正弦交变电流，在铁芯柱中产生正弦交变磁通，从而在二次绕组中感应出电压，若二次侧电路闭合，则产生二次电流。电流互感器正常工作时相当于变压器短路状态，二次阻抗很小。互感器工作原理如图 11-6 所示。

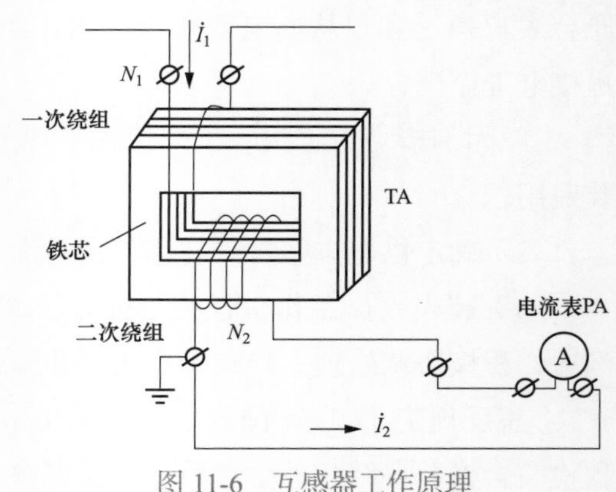

图 11-6　互感器工作原理

4. 电能计量装置分几类?

答：运行中的电能计量装置按其所计量电能量的多少和计量对象的重要程度分五类（Ⅰ、

Ⅱ、Ⅲ、Ⅳ、Ⅴ）进行管理。

各类电能计量装置应配置的电能表、互感器的准确度等级不应低于表 11-1 所示值。

表 11-1　　计量装置配置准确度等级表

电能计量装置类别	准确度等级			
	有功电能表	无功电能表	电压互感器	电流互感器
Ⅰ	0.2S 或 0.5S	2.0	0.2	0.2S 或 0.2*
Ⅱ	0.5S 或 0.5	2.0	0.2	0.2S 或 0.2*
Ⅲ	1.0	2.0	0.5	0.5S
Ⅳ	2.0	3.0	0.5	0.5S
Ⅴ	2.0	—	—	0.5S

*　0.2 级电流互感器仅在发电机出口电能计量装置中配用。

5. 什么是Ⅳ类电能计量装置?

答：Ⅳ类电能计量装置是负荷容量为 315kVA 以下的低压计费用户、发供电企业内部经济技术指标分析、考核用的电能计量装置。

6. 什么是Ⅴ类电能计量装置?

答：Ⅴ类电能计量装置是单相供电的电力用户计费用电能计量装置。

7. 试写出电能计量装置的倍率计算公式，并对各符号代表的意义予以说明。

答：现场运行电能计量装置的倍率按以下公式计算

$$\text{电能计量装置倍率} = \text{电能表本身倍率} \times K_{TV} \times K_{TA}$$

式中　K_{TV}——电压互感器的变比；

K_{TA}——电流互感器的变比。

8. 何谓电能表的常数?

答：电能表的转盘在每千瓦时（kWh）所需转的圈数称为电能表的常数，即 r/kWh（或转 / 千瓦时）。

9. 直接接入式电能表的标定电流如何进行选择?

答：直接接入式电能表的标定电流应按正常运行负荷电流的 30% 左右进行选择。

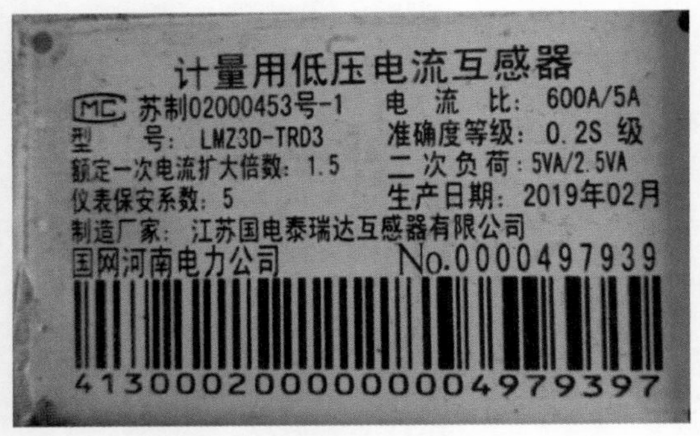

图 11-7　低压互感器铭牌

10. 应根据哪些参数选择电流互流器?

答：选择电流互感器应根据以下几个参数：①额定电压；②准确度等级；③额定一次电流及变比；④二次额定容量和额定二次负荷的功率因数。

低压电流互感器铭牌如图 11-7 所示。

11. 如何正确地选择电流互感器的变比。

答：应按电流互感器长期实际负荷电流 I_1 选择其一次额定电流 I_{1n}，使 $I_{1n} \geqslant I_1$，但不宜使互感器经常工作在额定一次电流的 30% 以下，并应尽可能使其工作在一次额定电流的 60% 左右。

12. 使用电流互感器时应注意什么?

答：（1）变比要适当；

（2）接线时要确保电流互感器一、二次侧极性正确；

（3）在运行的电流互感器二次回路上工作时，严禁使其开路；

（4）低压电流互感器二次侧不宜接地；

（5）高压电流互感器二次侧应有一端永久、可靠的接地点，不得断开。

13. 对电能表的安装有哪些要求?

答：（1）电能表应安装在电能计量柜（屏）上，每一回路的有功和无功电能表应垂直排列或水平排列，无功电能表应在有功电能表下方或右方，电能表下端应加有回路名称的标签，两只三相电能表的最小距离为 80mm，单相电能表间的最小距离为 30mm，电能表与屏边的最小距离为 40mm。

（2）室内电能表宜装在 0.8～1.8m 的高度（表水平中心线距地面尺寸）。

（3）电能表安装必须垂直牢固，表中心线向各方向的倾斜不大于 1°。

（4）装于室外的电能表应采用户外式电能表。

14. 对互感器的安装有哪些要求?

答：（1）安装互感器时，尽量使接到电能表同一元件的电流、电压互感器比差符号相

反、数值相近，角差符号相同、数值相近。当计量感性负荷时，宜把误差小的电流、电压互感器接到电能表的 W 相元件。

（2）同一组的电流（电压）互感器应采用制造厂、型号、额定电流（电压）变比、准确度等级、二次容量均相同的互感器。

（3）两只或三只电流（电压）互感器进线端极性符号应一致。

（4）互感器二次回路应安装试验接线盒。

（5）低压穿芯式电流互感器应采用固定单一的变比。

（6）低压电流互感器二次负荷容量不得小于 10VA。高压电流互感器二次负荷可根据实际安装情况计算确定。电流互感器接线标识如图 11-8 所示。

1、接线方式

- 一次侧从P1侧进线,P2侧出线;
- 二次侧电流自S1端子流出经过电流表回到S2端子。

2、注意事项

- 二次侧严禁开路;
- 二次侧S2端子原则上接地。

图 11-8　电流互感器接线标识

15. 电能计量装置二次回路的安装有哪些要求?

答：（1）所有计费用电流互感器的二次接线应采用分相接线方式。

（2）二次回路 U、V、W 各相导线应分别采用黄、绿、红色线，中性线应采用黑色线或采用专用编号电缆。

（3）二次回路导线均应加装与图纸相符的端子编号，导线排列顺序应自左向右或自上向下按正相序排列。

（4）导线应采用单股绝缘铜质线，电压、电流互感器从输出端子直接接至试验接线盒，中间不得有任何辅助接点、接头或其他连接端子。

（5）经电流互感器接入的低压三相四线电能表，其电压引入线应单独接入，不得与电流线共用。

（6）电流互感器二次回路导线截面按电流互感器的额定二次负荷计算确定，至少应不得小于 $4mm^2$。

（7）电压互感器二次回路导线截面积应根据导线压降不超过允许值进行选择，但其最小截面积不得小于 $2.5mm^2$。

（8）高压电流互感器应将互感器二次 S_2 端与外壳直接接地，星形接线电压互感器应在中性点处接地，VV 接线电压互感器在 V 相接地。

16. 电能计量装置基本施工工艺要求有哪些？

答：基本要求是按图施工、接线正确；电气连接可靠、接触良好；配线整齐美观；导线无损伤、绝缘良好。

17. 简述电能计量装置安装场所的环境要求。

答：（1）周围环境应干净明亮，不易受损、受振，无磁场及烟灰影响。

（2）无腐蚀性气体、易蒸发气体的侵蚀。

（3）运行安全可靠，抄表读数、校验、检查、轮换方便。

（4）电能表原则上装于室外的走廊、过道及公共的楼梯间，或装于专用配电间内。

（5）装表点的气温应不超过电能表标准规定的工作温度范围。

18. 三相四线电能表接线时，应注意哪些事项？

答：（1）三相电能表应按正相序接线。

（2）中性线不能与相线颠倒。

（3）中性线要接牢。

（4）若三相四线电能表是总表，为防止中性线断或接触不良而造成用户用电设备烧坏，在装表时进表的中性线不能剪断接入表内，而在中性线上用不小于 2.5mm² 的铜芯绝缘线 T 接到三相四线电能表的中性线端子上，以供电能表电压元件回路使用。直接式三相四线电表正确接线如图 11-9 所示。

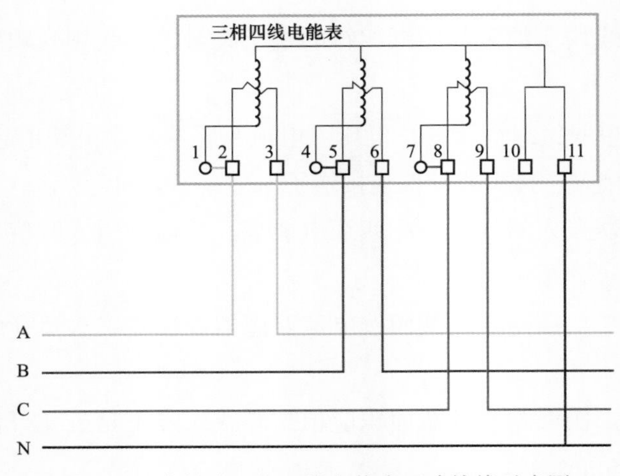

图 11-9　直接式三相四线电能表正确接线示意图

19. 装表接电人员接到装表接电工作单后，应做好哪些准备工作?

答：（1）核对工单所列的计量装置是否与用户的供电方式和申请容量相适应。

（2）凭工单到表库领用电能表、互感器、接线盒、二次导线、计量箱、熔断器、开关等，并核对所领用的电能表、互感器是否与工单一致。

（3）检查电能表的校验封印、接线图、检定合格证、资产标记是否齐全，校验日期是否在 6 个月以内，外壳是否完好。

（4）检查互感器的铭牌、极性标志是否完整、清晰，接线螺钉是否完好，检定合格证是否齐全。

（5）检查所需的材料及工具、仪表等是否配足带齐。二次导线应采用单股铜芯线，并能耐压 500V，导线应分色，三相电能表应选用黄（U 相）、绿（V 相）、红（W 相）、黑（中性线）四色线。单相电能表相线、中性线应分色，中性线采用黑色导线。计量箱宜采用全国统一标准。接线盒有三相三线接线盒和三相四线接线盒之分。

（6）电能表在运输途中应注意防振、防摔，应放入专用防振箱内。在路面不平、振动较大时，应采取有效措施减小振动。

20. 电能计量装置哪些部位应加封?

答：（1）电能表两侧表耳；

（2）电能表尾盖板；

（3）试验接线盒防误操作盖板；

（4）电能表箱（柜）门锁；

（5）互感器二次接线端子及快速开关；

（6）互感器柜门锁；

（7）电压互感器一次刀闸操作把手、熔管室及手车摇柄。

21. 直接接入式三相四线电能计量装置安装时常见的工艺错误与不规范有哪些?

答：（1）电能表表尾中性线应采用分支连接，不应断开接线；

（2）表尾线头剥削过长造成露芯，易被窃电且不安全；

（3）表尾接线端子只压一只螺钉，造成发热和烧表事故；

（4）不同规格导线在接线柱处叠压不规范；

（5）线鼻子弯圆方向与接线柱螺母旋紧方向相反，易造成螺母旋紧操作不方便且易使线鼻子弯圆变形而使接触不良。

22. 电子式多功能电能表有哪些优点?

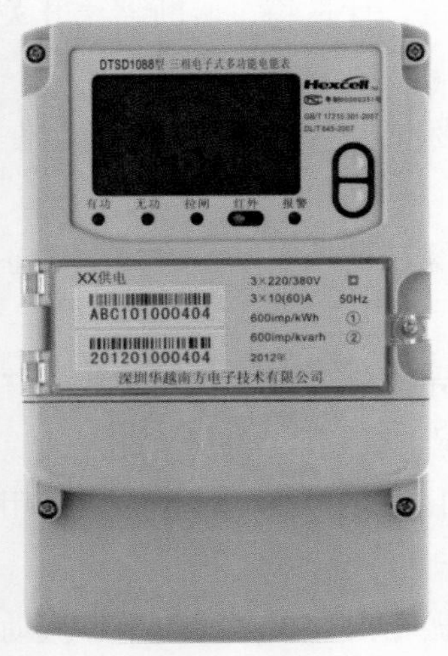

图 11-10　电子式多功能电能表

答：①准确度高，计量准确；②检定工作量降低，工作效率提高；③质量轻、体积小、运输方便；④功耗小，有利于降低线损；⑤具有防窃电功能；⑥故障率低；⑦有利于抄表方式的改革，实现远程抄表，施工简单，抄收准确、方便；⑧长寿命、宽量程、多功能。

23. 电子式多功能电能表的主要功能有哪些?

答：电能计量功能，功率计量功能，电压、电流计量，时段控制功能，预置功能，监控功能，数据显示，数据传输，脉冲输出，预付费功能，存储功能，失压记录，电压合格率，事件记录等功能。电子式多功能电能表如图 11-10 所示。

24. 电子式多功能电能表的哪些功能可通过辅助端子实现?

答：报警跳闸功能、时段控制功能、通信功能、脉冲输出功能。

25. 如何实现多功能电能表和远程负控终端的连接?

答：多功能电能表和远程负控终端通过 RS485 线进行连接。终端 485A（正极）与电能表 485A（正极）相连，终端 485B（负极）与电能表 485B（负极）相连。注意区分 A 与 B，不能接反。

26. 更换电能表或接线时应注意哪些事项?

答：（1）先将原接线做好标记。

（2）拆线时先拆电源侧，后拆负荷侧；恢复时先压接负荷侧，后压接电源侧。

（3）要先做好安全措施，以免造成电压互感器短路或接地和电流互感器二次回路开路。

（4）工作完成应清理、打扫现场，不要将工具或线头遗留在现场，并应再复查一遍所有接线，确无误后再送电。

（5）送电后，观察电能表运行是否正常。

（6）正确加封印。

27. 在带电的电流互感器二次回路上工作时，应采取哪些安全措施?

答:（1）短接电流互感器二次绕组时，必须使用短路片或专用短路线。

（2）短路要可靠，严禁用导线缠绕，以免造成电流互感器二次侧开路。

（3）严禁在电流互感器至短路点之间的回路上进行任何工作。

（4）工作必须认真、谨慎，不得将回路的永久接地点断开。

（5）工作时必须有人监护，使用绝缘工具，并站在绝缘垫上。

28. 电能计量装置常见的错误接线类型有哪些?

答:（1）缺相。电压、电流量缺一个或全部缺失，如电压开路、电流开（短）路等;

（2）接反。电压、电流互感器极性接反。

（3）移相。进电能表的电压、电流不是电能表接线规则中所需相的电压、电流。

联合接线盒内电流短接如图 11-11 所示。

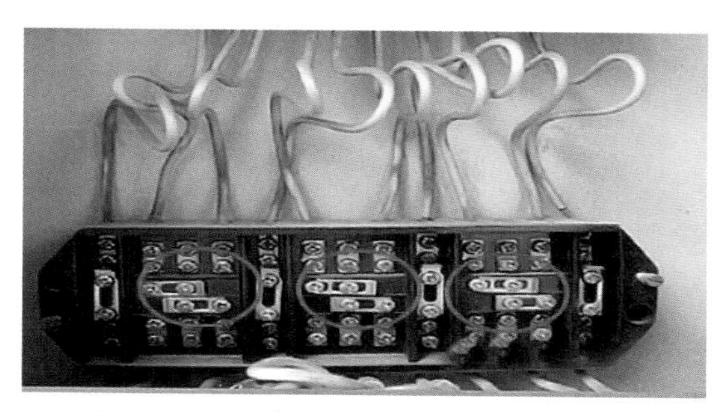

图 11-11　联合接线盒内电流短接示意图

29. 简述瓦秒法检查电能计量装置接线的具体做法。

答:瓦秒法是将电能表反映的功率（有功或无功）与线路中的实际功率比较，以定性判断电能计量装置接线是否正确，也是初步判断计量是否准确的常用手段。

瓦秒法的做法是:用一只秒表记录电能表圆盘转 N 圈所需的时间或 N 个脉冲所需要的时间。根据电能表常数（一次或二次常数）求出负载功率，将计算的功率值与线路中负载实际功率值相比较。也可根据电能表常数（一次或二次常数）和负载实际功率计算出电能表圆盘转 N 圈或发出 N 个脉冲所需要的时间，然后将计算出的时间与实测时间相比较。

计算公式是

$$P=\frac{3600\times N\times K_{\mathrm{I}}\times K_{\mathrm{U}}}{C\times t}$$

式中　N——电能表测时的圈数或脉冲数;

K_{I}——电流变比;

K_{U}——电压变比;

C——电能表常数，r/kwh 或脉冲 /kwh;

t——秒表所测时间，s。

30. 简述直接接入式三相四线电能计量装置表尾电压断线的检查方法。

答：对电压断线的检查方法，可用两种方法：

（1）断开电路，用万用表逐相测量电压进线接线端子与中性线端子间的直流电阻，如万用表显示导通，则电能表该相无电压断线错误；如万用表显示断线，则电能表该相存在电压断线错误。

（2）不断开电路，逐相断开电压连接片，仔细观察电能表的转速或脉冲，如电能表的转速或脉冲不变，则该相电压断线；如电能表的转速或脉冲变慢，则表明该相电压正常。

31. 简述直接接入式三相四线电能计量装置表尾电流断线的检查方法。

答：对电流断线的检查方法是，在不断开电路的情况下逐相短接电流接线端子，仔细观察电能表的转速或脉冲，如电能表的转速或脉冲不变，则存在电流断线错误；如电能表的转速或脉冲变慢，则表明该相电流正常。

32. 简述直接接入式三相四线电能计量装置表尾电流接反的检查方法。

答：对电流接反错误的检查方法有：

（1）在不断开电路的情况下，逐相换接电流进出线接线端子导线，仔细观察电能表的转速或脉冲，如电能表的转速或脉冲下降，则表明该相原电流未接反；如电能表的转速或脉冲变快，则表明该相原电流接反。注意调换电流进出线必须先在接线端子盒内将进出线短接。

（2）在不断开电路的情况下，用伏安相位表测量各相电压电流相位差，如电压相量与电流相量夹角为 φ（功率因数角），则表明电流未接反；如夹角为 $180° +\varphi$，则表明电流接反。

33. 对于电能计量装置而言，引起误差电量的原因可能有哪些?

答：（1）电能表本身误差超出范围。

（2）表内故障使电能表停转、慢转、快转。

（3）接线接触电阻较大。

（4）超量程用电。

（5）接线错误。

34. 电能表的安装有何要求?

答：按照 DL/T 5137—2001《电测量及电能计量设计技术规程》的规定安装计费电能表：

（1）低压表箱下沿离地面高度应为 1.7～2m，暗式表箱下沿离地面高度应为 1.5m 左右，计量柜表箱下沿离地面高度应为 1.2m。

（2）电能表与保护装置合装于继电器屏上时，电能表宜装于屏中部，其水平中心线宜距地面 0.8m 及以上。

（3）配电装置处的配电柜、配电箱上的电能表的水平中心线宜距地面 0.8～1.8m。

（4）电能表的安装应垂直，倾斜度不要超过 1°。

（5）当几块电能表装在一起时，表间距离不应小于 60mm。

（6）对 10kV 及以下电压供电的客户，应配置专用的电能计量柜（箱）；对 35kV 及以上电压供电的客户，应有专用的电流互感器二次连接线，并不得与保护、测量回路共用。

三相表计规范安装如图 11-12 所示。

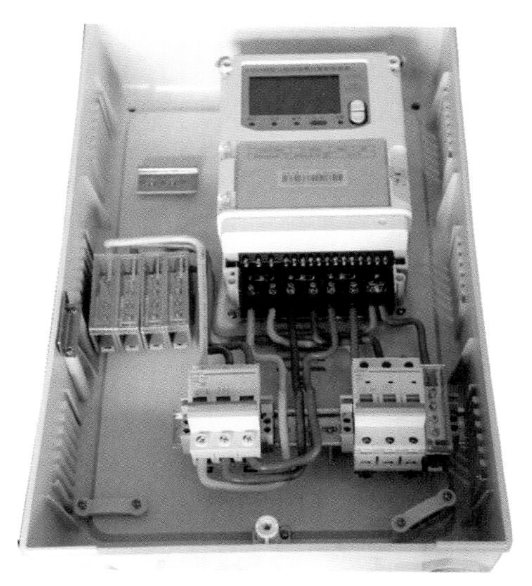

图 11-12　三相表计规范安装

35. 客户认为计费电能表不准时可如何处理？

答：客户认为供电企业装设的计费电能表不准时，有权向供电企业提出校验申请。在客户交付验表费后，供电企业应在 7 天内检验，并将检验结果通知用户。如计费电能表的误差在允许范围内，验表费不退；如计费电能表的误差超出允许范围时，除退还验表费外，并应按《供电营业规则》第八十条规定退补电费。客户对检验结果有异议时，可向供电企业上级计量检定机构申请检定。客户在申请验表期间，其电费仍应按期缴纳，验表结果确认后再行退补。用户对电费产生异议可申请校验如图 11-13 所示。

36. 客户对电能计量装置应承担哪些义务？

答：客户对计费电能表及其附件应妥善保护，不应在表前堆放影响抄表或计量准确及安全的物品。如发生计费电能表丢失、损坏或超负荷烧坏等情况，客户应及时告知供电企业，以便供电企业采取措施。除因供电企业责任或不可抗力导致计费电能表出现或发生故障的，由供电企业负责换表之外，其他原因引起的，客户应负担赔偿费或修理费。

37. 计量装置选定原则如何规定?

答：（1）低压供电的客户，负荷电流为 60A 以下时，电能计量装置接线宜采用直接接入式；负荷电流为 60A 以上时，宜采用经电流互感器接入式。

电能表校验申请单

供电所: 时间:

委托单位					
委托项目					
委托人员		委托日期		联系电话	
物品收发人员		协商完成日期		押金	
委托任务 接受部门		检定 人员		接收日期	
序号	物品名称		物品编号	型号	状态
顾客物品 移交(内部)			顾客物品 接收(内部)		
报告交付人		被交付人		交付日期	
顾客物品 交付人		顾客物品 接收人		接收日期	
附件	电源线 条	测量线 条	说明书 份	其他物品包装:	
请注意: 1.如顾客无特殊要求,本中心按现行有效并在认可/认证范围内的技术标准进行检定。 2.送检单位必须凭本单据提取物品和报告/证书。 3.需要提取送检/校物品时;请核对领回的物品与本单据所列项目是否相符,确认后签领。 4.联系电话:0372———6096215 5.送检单位若有特殊要求,包括对检定方法的要求,请将协商结果在"说明"栏内注明。内容较多可另外附页,并由双方签字确认留存。			说明: 送检/校单位签收:		

第一联:收发人员留存　　单位地址:林州市龙安路中段

图 11-13　效验申请单

(2)高压供电的客户,宜在高压侧计量;但对 10kV 供电且容量在 315kVA 以下、35kV 供电且容量在 500kVA 及以下的,高压侧计量确实有困难的,可在低压侧计量,即采用高供低计方式。

(3)有两条及以上线路分别来自不同电源点或者有多个受电点的客户,应分别装设电能计量装置。

(4)客户一个受电点内不同电价类别的用电应分别装设计量装置。

（5）有送、受电量的地方电网和有自备电厂的客户，应在并网点上装设送、受电电能计量装置。

38. 发现计量装置故障应该如何处理?

答：首先，在现场分析、了解情况，设法查清故障发生的时间和原因，如客户的值班记录，客户上次抄表后至今的生产情况，客户有无私自增容的情况；其次，将计量装置的故障情况及相关数据记录下来，如电能表当时的示数、负荷情况、客户生产班次及休息情况等；第三，回公司后将客户计量装置故障情况及现场所作的记录上报并配合处理。

39. 电能计量装置常见典型接线方式有哪些?

答：电能表常见接线方式如图 11-14～图 11-18 所示。

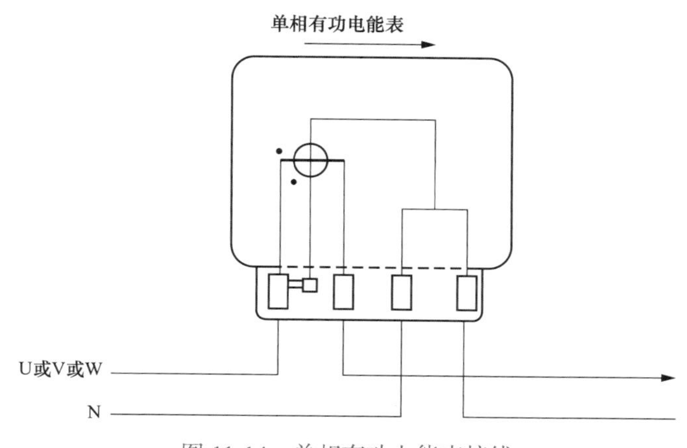

图 11-14　单相有功电能表接线

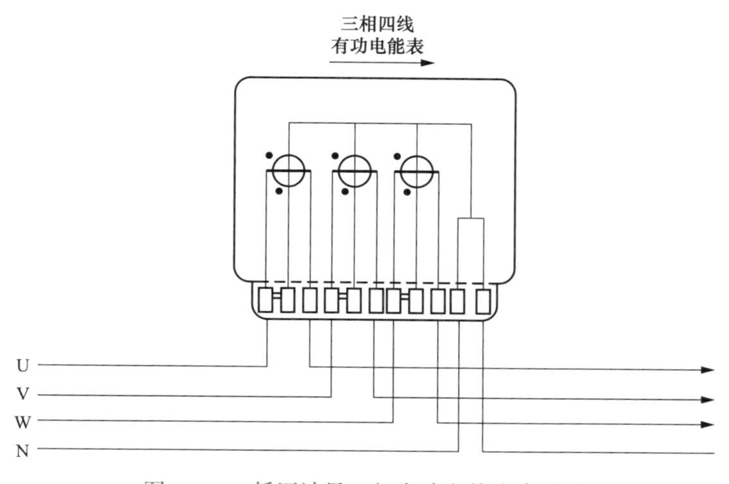

图 11-15　低压计量三相有功电能表直接式

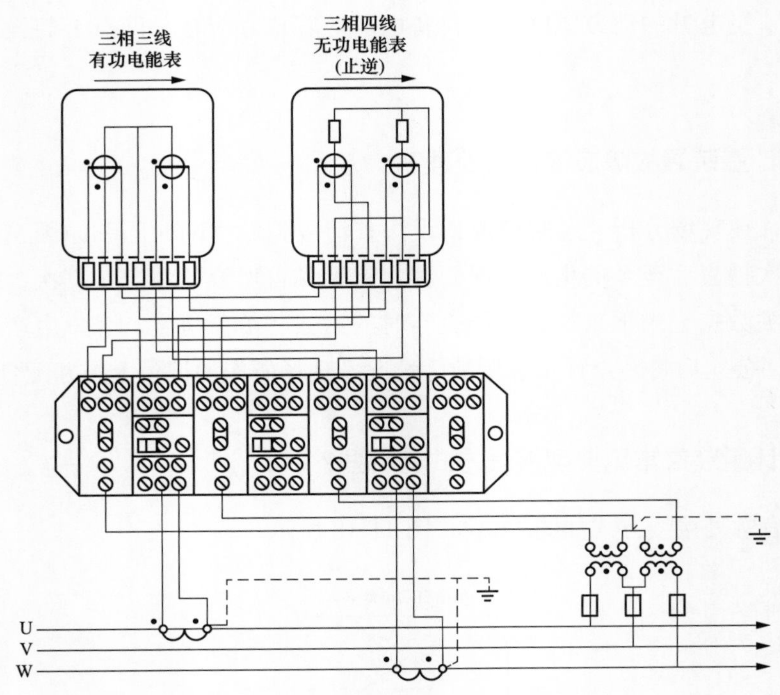

图 11-16　三相三线有功无功分相接线方式

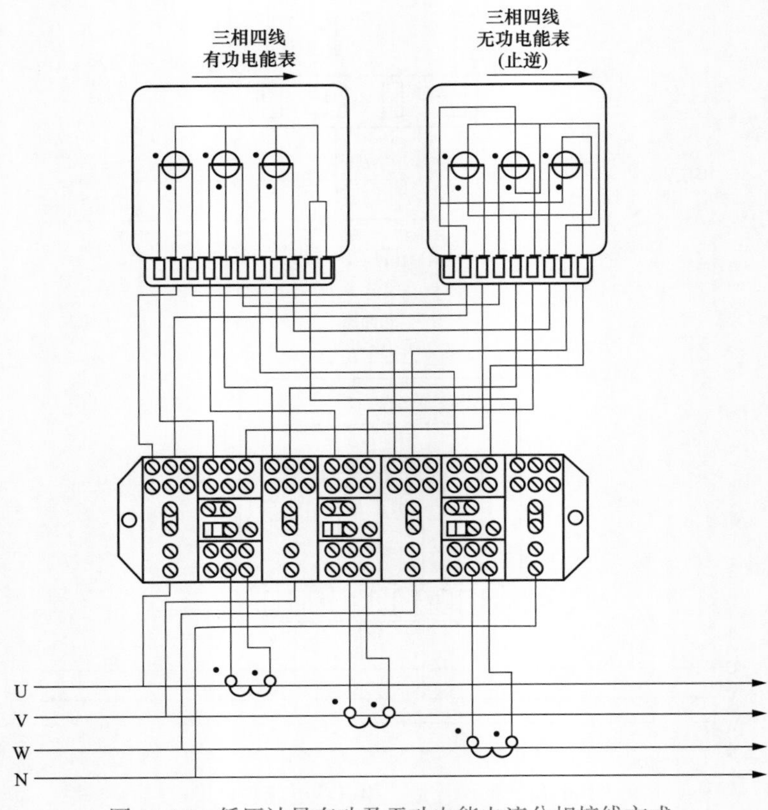

图 11-17　低压计量有功及无功电能电流分相接线方式

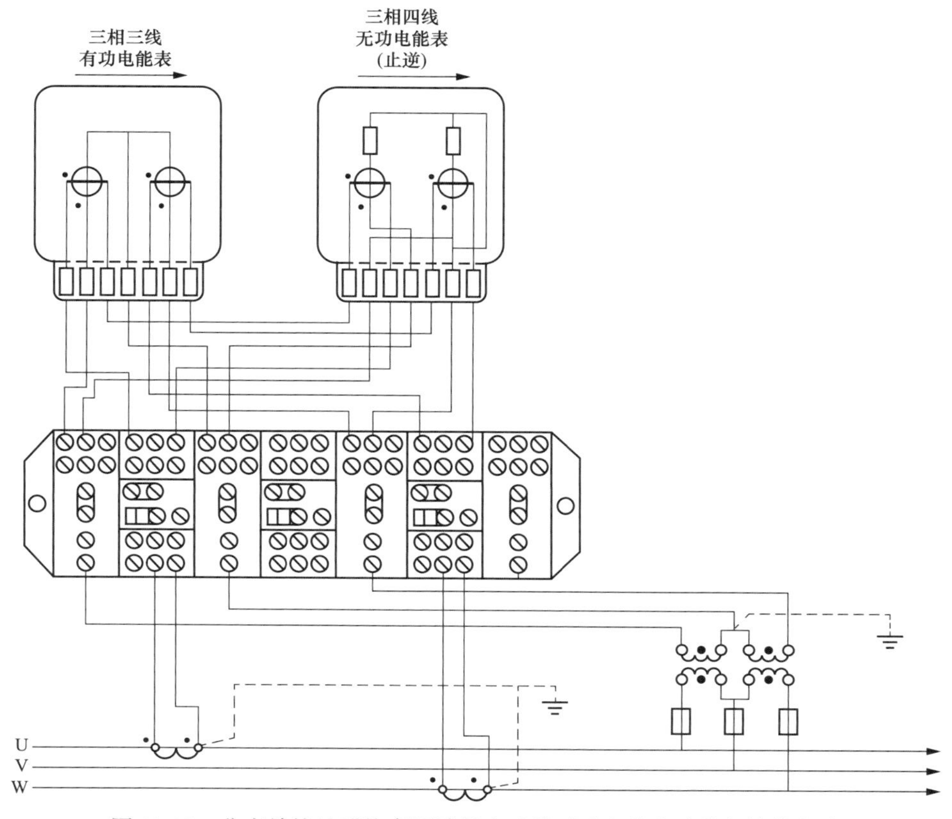

图 11-18　非有效接地系统高压计量有功及无功电能电流分相接线方式

三、用电检查

1. 用电检查的含义是什么?

答：用电检查是电力行业及相关的组织或个人依据规则、规范标准或事例经验对使用电力的对象进行安全、隐患、计量、质量、营销、设施性能诸方面的管理、检测、评估的行为。

2. 用电检查人员应具备哪些条件?

答：(1) 作风正派，办事公道，廉洁奉公。

(2) 已取得相应的用电检查资格。聘为一级用电检查员者，应具有一级用电检查资格；聘为二级用电检查员者，应具有二级及以上用电检查资格；聘为三级用电检查员者，应具有三级及以上用电检查资格。

(3) 经过法律知识培训，熟悉与供用电业务有关的法律、法规、方针、政策、技术标准以及供用电管理规章制度。

3. 各级用电检查员的工作有哪些区别?

答：三级用电检查员仅能担任 0.4kv 及以下电压供电用户的用电检查工作。二级用电检查员能担任 10kv 及以下电压供电用户的用电检查工作。一级用电检查员能担任 220kv 及以下电压供电用户的用电检查工作。

4. 现场确认用户有窃电行为的，用电检查人员应如何做?

答：现场检查确认有窃电行为的，用电检查人员应当场予以中止供电，并按规定追补电费和加收电费。拒绝接受处理的，应报请电力管理部门依法给予行政处罚；情节严重，违反治安管理处罚规定的，由公安机关依法予以治安处罚；构成犯罪的，由司法机关依法追究刑事责任。

5. 用电检查人员的检查纪律有哪些?

答：（1）用电检查人员应认真履行用电检查职责，赴用户执行用电检查任务时，应随身携带《用电检查证》，并按《用电检查工作单》规定项目和内容进行检查。

（2）用电检查人员在执行用电检查任务时，应遵守用户的保卫保密规定，不得在检查现场替代用户进行电工作业。

（3）用电检查人员必须遵纪守法，依法检查，廉洁奉公，不徇私舞弊，不以电谋私。违反本条规定者，依据有关规定给予经济、行政处分；构成犯罪的，依法追究其刑事责任。

6. 用电检查的内容有哪些?

答：（1）用户执行国家有关电力供应与使用的法规、方针、政策、标准、规章制度情况。

（2）用户受（送）电装置工程施工质量检验。

（3）用户受（送）电装置中电气设备运行安全状况。

（4）用户保安电源和非电性质的保安措施。

（5）用户反事故措施。

（6）用户进网作业电工的资格、进网作业安全状况及作业安全保障措施。

（7）用户执行计划用电、节约用电情况。

（8）用电计量装置、电力负荷控制装置、继电保护和自动装置、调度通信等安全运行状况。

（9）供用电合同及有关协议履行的情况。

（10）受电端电能质量状况。

（11）违章用电和窃电行为。

（12）并网电源、自备电源并网安全状况。

7. 用电检查员对客户的电气设备进行日常检查时，对低压计量用户主要检查的设备有哪些?

答：对低压计量用户主要检查的设备有熔断器、变压器、低压开关、低压开关柜、母线、计量装置、指示仪表、消防器材、绝缘工具等。

8. 危害供用电安全和扰乱供用电秩序的行为有哪些?

答：（1）违章用电。

（2）窃电。

（3）违反合同规定用电。

（4）违反安全规定用电。

（5）损害供用电设施，冲击供电企业、电力设施所在地，扰乱供电工作秩序，干扰冲击电力调度机构，扰乱电力调度秩序，使电力供应无法正常进行的行为。

（6）其他危害供电、用电秩序的行为。

9. 对于转供电有哪些规定?

答：用户不得自行转供电。任何用户未经供电部门批准或受其委托，不准向邻近用户擅自转供电，否则按照违章处理。在公用供电设施尚未到达的地区，供电企业征得该地区有供电能力的直供用户同意，可采用委托方式向其附近的用户转供电力，但不得委托重要的国防军工用户转供电。

委托转供电应遵守下列规定：

（1）供电企业与委托转供户（简称转供户）应就转供范围、转供容量、转供期限、转供费用、转供用电指标、计量方式、电费计算、转供电设施建设、产权划分、运行维护、调度通信、违约责任等事项签订协议。

（2）转供区域内的用户（简称被转供户），视同供电企业的直供户，与直供户享有同样的用电权利，其一切用电事宜按直供户的规定办理。

（3）向被转供户供电的公用线路与变压器的损耗电量应由供电企业负担，不得摊入被转供户用电量中。

（4）在计算转供户用电量、最大需量及功率因数调整电费时，应扣除被转供户、公用线路与变压器消耗的有功、无功电量。

10. 用电检查工作单样张有哪些?

答：具体样张如下。

用电检查结果通知书

<table>
<tr><td>客户名称</td><td></td><td>客户编号</td><td></td></tr>
<tr><td colspan="4">经我公司用电检查,发现贵客户电力使用存在以下问题：</td></tr>
<tr><td colspan="2">用电检查员：

用电检查证号:

检查日期：　年　月　日</td><td colspan="2">客户签收(盖章)

检查单位公章</td></tr>
</table>

低压用电检查工作单

户名				客户编号			
用电地址				审核批准人			
检查人员		检查时间		电工总数		电话号码	
负荷等级		用电类别		行业类别		电气负责人	
主接线方式		运行方式		生产班次		厂休日	

安全检查项目，执行情况；正常打√			
进线刀闸		架空及电缆	
配电箱柜		计量表计	
防倒送电		安全、消防用具	
规章制度		安防及反事故措施	
工作票		工作记录	
电工管理		其他情况	

《供用电合同》内容、执行情况：有违约行为写具体内容							
电源性质		主供电源		受电容量		批准容量	
供电线路		备用电源		保安电源/容量			
自备电源		用电设备容量					
容量核定况情				转供电情况			
计量方式		TA变比		电价类别		力率标准	
计量容量		倍率		电费交费方式		无功补偿装置	
有功表计		无功表计		有无欠费		封印情况	

检查结论:
客户签名:
日　期:　　年　月　日

违约用电、窃电处理工作单

<table>
<tr><td>户名</td><td colspan="2"></td><td>户号</td><td></td><td>地址</td><td></td></tr>
<tr><td>违约
用电、
窃电
情况
及处理</td><td colspan="6">判定性质：

判定依据：

处理结果：

当事人 签章
检查人 签章
处理人 签章
日期 年 月 日</td></tr>
<tr><td>审批
意见</td><td colspan="6">负责人(签章)：
年 月 日</td></tr>
<tr><td>项目</td><td colspan="2">数额</td><td>收据号</td><td>收款人</td><td colspan="2">日期</td></tr>
</table>

四、窃电、违约用电

1. 常见的窃电方式有哪些?

答：有欠压法、欠流法、移相法、扩差法和无表法窃电。

2. 对居民客户的防窃电措施有哪些?

答：①采用集中装表箱；②采用全封闭表箱；③采用防窃电电能表。

3. 检查人员发现窃电行为时，取证的手段主要有哪些?

答：①拍照、摄像；②录音或笔录；③窃电工具收集；④窃电痕迹。

4. 现场用电检查确认有窃电行为的，应如何处理?

答：(1) 用电检查人员应当场予以中止供电，制止其侵害，并按规定追补电费和加收电费。

(2) 拒绝接受处理的，应报请电力管理部门依法给予行政处罚。

(3) 情节严重，违反治安处罚规定的，由公安机关依法予以治安处罚。

(4) 构成犯罪的，由司法机关依法追究刑事责任。

5. 窃电检查的主要内容是什么?

答：在查窃电过程中，应重点对计量装置进行检查。

(1) 检查计量柜、接线盒、电能表的封印是否完好及真假性。

(2) 检查表计外观是否完好无损及有无异常。

(3) 检查电流互感器接线是否正确，二次接线端子螺钉有无松动。电压互感器熔丝是否熔断，连接线有无松动。

(4) 检查接线盒、电能表与导线接触是否良好，有无短接线，电压挂钩是否松动。

(5) 用秒表测算用电功率，与指示功率或换算后的数据进行比较。

(6) 检查有无计量装置前接线用电。

(7) 检测电流互感器变比是否与台账登记值一致。

(8) 用计量装置检测仪检查电压、电流相位是否正确。掌机检查开盖记录如图 11-19 所示。

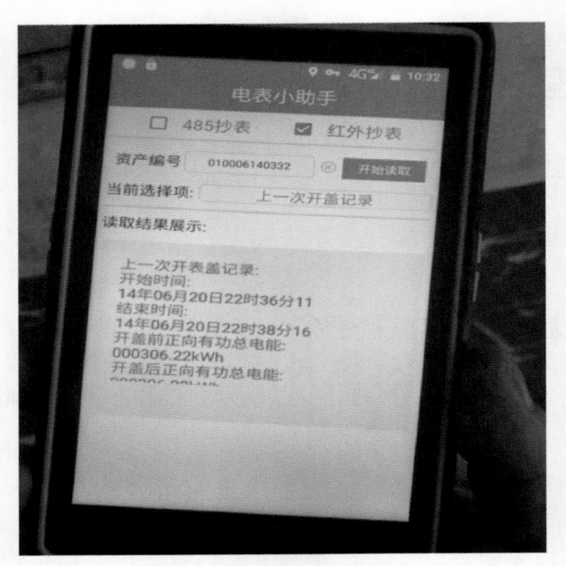

图 11-19　掌机检查开盖记录

6. 客户私自超过合同约定的容量用电应承担哪些责任?

答：客户私自超过合同约定的容量用电，除应拆除私增容设备外，属于两部制电价的客户，应补交私增设备容量使用月数的基本电费，并承担 3 倍私增容量基本电费的违约使用电费；其他客户应承担私增容量每千瓦（千伏安）50 元的违约使用电费。如客户要求继续使用者，按新装增容办理手续。

第12章 优 质 服 务

1.《供电服务“十项承诺”》的具体内容是什么？

答：第一条 电力供应安全可靠。城市电网平均供电可靠率达到99.9%，居民客户端平均电压合格率达到98.5%；农村电网平均供电可靠率达到99.8%，居民客户端平均电压合格率达到97.5%；特殊边远地区电网平均供电可靠率和居民客户端平均电压合格率符合国家有关监管要求。

第二条 停电限电及时告知。供电设施计划检修停电，提前通知用户或进行公告。临时检修停电，提前通知重要用户。故障停电，及时发布信息。当电力供应不足不能保证连续供电时，严格按照政府批准的有序用电方案实施错避峰、停限电。

第三条 快速抢修及时复电。提供24小时电力故障报修服务，供电抢修人员到达现场的平均时间一般为：城区范围45分钟，农村地区90分钟，特殊边远地区2小时。到达现场后恢复供电平均时间一般为：城区范围3小时，农村地区4小时。

第四条 价费政策公开透明。严格执行价格主管部门制定的电价和收费政策，及时在供电营业场所、网上国网App（微信公众号）、“95598”网站等渠道公开电价、收费标准和服务程序。

第五条 渠道服务丰富便捷。通过供电营业场所、“95598”电话（网站）、网上国网App（微信公众号）等渠道，提供咨询、办电、交费、报修、节能、电动汽车、新能源并网等服务，实现线上一网通办、线下一站式服务。

第六条 获得电力快捷高效。低压客户平均接电时间：居民客户5个工作日，非居民客户15个工作日。高压客户供电方案答复期限：单电源供电15个工作日，双电源供电30个工作日。高压客户装表接电期限：受电工程检验合格并办结相关手续后5个工作日。

第七条 电表异常快速响应。受理客户计费电能表校检申请后，5个工作日内出具检测结果。客户提出电表数据异常后，5个工作日内核实并答复。

第八条 电费服务温馨便利。通过短信、线上渠道信息推送等方式，告知客户电费发生及余额变化情况，提醒客户及时交费；通过邮箱订阅、线上渠道下载等方式，为客户提供电子发票、电子账单，推进客户电费交纳“一次都不跑”。

第九条 服务投诉快速处理。“95598”电话（网站）、网上国网App（微信公众号）等渠道受理客户投诉后，24小时内联系客户，5个工作日内答复处理意见。

第十条 保底服务尽职履责。公开公平地向售电主体及其用户提供报装、计量、抄表、结算、维修等各类供电服务，并按约定履行保底供应商义务。

2.《员工服务“十个不准”》的具体内容是什么？

答：第一条　不准违规停电、无故拖延检修抢修和延迟送电。

第二条　不准违反政府部门批准的收费项目和标准向客户收费。

第三条　不准无故拒绝或拖延客户用电申请，增加办理条件和环节。

第四条　不准为客户工程指定设计、施工、供货单位。

第五条　不准擅自变更客户用电信息、对外泄露客户个人信息及商业秘密。

第六条　不准漠视客户合理用电诉求、推诿搪塞怠慢客户。

第七条　不准阻塞客户投诉举报渠道。

第八条　不准营业窗口擅自离岗或做与工作无关的事。

第九条　不准接受客户吃请和收受客户礼品、礼金、有价证券等。

第十条　不准利用岗位与工作便利侵害客户利益、为个人及亲友谋取不正当利益。

3. 什么情况下可不经批准即可中止供电？

答：①不可抗力和紧急避险；②确有窃电行为。

4. 供电企业对居民用户家用电器损坏所支付的修理费用或赔偿费由谁支付？

答：由供电企业从生产成本中列支。

5.“四个关爱”是什么？

答：关爱老人、关爱新人、关爱弱者、关爱一线。

6. 供电公司的基本礼仪规范是什么？

答：仪容仪表——整洁清爽，端庄大方；

着装服饰——规范得体，便于工作；

言谈举止——自然优雅，充满自信；

接待交往——主动热情，把握分寸；

接打电话——简明扼要，温和有礼；

乘坐车辆——尊长优先，注意礼让。

服务礼仪站姿如图 12-1 所示。

图 12-1　服务礼仪站姿

7. 国家电网有限公司《员工守则》的具体内容是什么?

答:（1）遵纪守法，尊荣弃耻，争做文明员工；
（2）忠诚企业，奉献社会，共塑国网品牌；
（3）爱岗敬业，令行禁止，切实履行职责；
（4）团结协作，勤奋学习，勇于开拓创新；
（5）以人为本，落实责任，确保安全生产；
（6）弘扬宗旨，信守承诺，深化优质服务；
（7）勤俭节约，精细管理，提高效率效益；
（8）努力超越，追求卓越，建设一流公司。

8. 国家电网公司推行“四个服务”的内容有哪些?

答：服务党和国家工作大局，服务电力客户，服务发电企业，服务社会发展。

第13章 电价电费管理

1. 销售电价由哪几部分构成?

答：购电成本、输配电损耗、输配电价、政府性基金。

2. 我国现行电价分为几类?

答：我国的现行电价分居民生活电价、非居民照明电价、非工业普通工业电价、大工业电价、商业电价、农业生产电价、贫困县农业排灌电价、电网间互供价等。

3. 什么是居民阶梯电价?

答：居民阶梯电价是指将现行单一形式的居民电价，改为按照用户消费的电量分段定价，用电价格随用电量增加呈阶梯状逐级递增的一种电价定价机制。

4. 销售电价的计价方式有哪些?

答：单一制电度电价、两部制电价。

5. 什么是两部制电价?

答：两部制电价包括两个部分：①以用户用电容量或需量计算的基本电价；②以用户耗用的电量计算的电度电价。

6. 计费电能表发生哪些情况时用户应及时告知供电企业以便供电企业采取措施?

答：计量电能表丢失、损坏、过负荷烧坏等情况。

7. 用户电度电价是按什么计算的电价?

答：按用户用电度数计算。

8. 基本电价是按用户的什么计算的电价?

答：用户用电容量。

9. 因用户原因连续几个月不能如期抄到计费电能表读数时，供电企业应通知该用户终止供电？

答：六个月。

10. 什么是电费违约金？

答：对不按合同规定交费期限而逾期交付电费的用户所加收的款项，叫电费违约金。拖欠电费将产生滞纳金。

11. 居民用户拖欠电费的滞纳金每日按欠费总额的多少计算？

答：千分之一。

12. 居民用户以外的其他用户拖欠电费时，当年欠费部分滞纳金每日按欠费总额的多少计算？

答：千分之二。

13. 居民用户以外的其他用户拖欠电费时，跨年度欠费部分的滞纳金每日按欠费总额的多少计算？

答：千分之三。

14. 在用户受电点内难以按电价类别分别装设用电计量装置时，可装设总的用电计量装置，然后按其不同电价类别的用电设备容量的比例或定量进行分算，分别计价。供电企业至少多长时间对上述比例或定量核定一次，用户不得拒绝？

答：一年。

15. 当用电计量装置不安装在产权分界处时，线路与变压器损耗的有功与无功电量由谁负担？

答：产权所有者。

16. 在用户交付验表费后，供电企业应在几天内检验并将检验结果通知用户？

答：七天。

17.《电力供应与使用条例》第三十九条规定，对于逾期未交付电费的，自逾期之日起计算超过多少天经催交仍未交付电费的，供电企业可以按照国家规定的程序停止供电？

答：30天。

18.“欠费用户停（限）电通知书”应加盖供电公司印章，在停限电前几天内送达用户？

答：七天。

19. 对重要用户及大用户要在停限电前多少分钟再用电话通知一次，方可在通知规定时间实施停限电？

答：30分钟。

20. 用户在申请验表期间，其电费如何缴纳？

答：按期交纳，验表结果确认后再行退补电费。

21. 线上缴费的方式主要有哪些？

答：手机电力App客户端（包含网上国网、电E宝、掌上电力）、微信支付、支付宝支付、网银支付等。

22. 一般电力电费发票的主要内容有哪些？

答：（1）户名、户号、用电地址、收费日期。

（2）计费有功、无功电能表的起止码、倍率，实用电量，线变损电量，功率因数。

（3）电费计算：电价、实用电费、功率因数调整电费、应收电费、附加费、应收合计电费。

第 14 章　营业普查与临时用电

1. 电力营销稽查的作用有哪些?

答：①监督控制作用；②咨询建议作用；③风险预警作用；④信息鉴定作用。

2. 怎样对营销电价进行稽查?

答：(1)通过报装资料台账稽查，检查基本电价的确定是否正确；检查抄表卡上客户用电性质与确定电价是否吻合；检查确定的电价与客户受电电压是否吻合；对峰谷电价执行情况进行稽查。

(2)进入营业微机信息系统对照抄表卡稽查。

(3)深入客户现场稽查。

3. 怎样对抄表环节进行稽查?

答：(1)抄表卡质量的稽查；

(2)抄表到位率、准确率的稽查；

(3)抄表计划、抄表记录质量和抄表异常情况处理质量的稽查。

4. 对于营销稽查来说，电费账务管理稽查目标主要包括哪些内容?

答：(1)审查营销环节电费收入是否完整真实。

(2)审查电费账务核算是否完整真实。

(3)审查电费资金管理是否真实合规。

5. 窃电疑点分析有哪几种?

答：①电量异常。②负荷异常。③计量装置异常。④封印异常。⑤接户线异常。⑥计量环境异常。⑦举报窃电。

6. 现场稽查时，稽查人员应注意的事项有哪些?

答：(1)当稽查人员认为有必要对某些计量装置进行检查时，可对这些装置进行临时加封，即在原铅封上再加带有稽查专用标号的铅封，然后会同有关部门共同开封进行内部检查，查清原因后仍由原责任部门查校封好。

（2）如果稽查人员发现铅封失落，也应临时加封，等待检查。为明确计量事故责任，加封或检查时尽可能请第三方作证。稽查人员不得随意开启计量装置的铅封，即使发现被撬，也不得打开计量装置，而应立即临时加封，保护现场。

（3）稽查铅封不能作为运行设备的日常铅封使用。

7. 稽查人员在稽查暂换业务办理时，重点应注意什么问题?

答：（1）必须在原受电地点内整台暂换受电变压器。

（2）暂换变压器的使用时间：10kV 及以下不得超过 2 个月，35kV 及以上不得超过 3 个月。逾期不办理手续的，供电企业可中止供电。

（3）暂换的变压器经检验合格后才能投入运行。

（4）暂换变压器后，总容量达到两部制电价标准的，须在暂换之日起按替换后的变压器容量计收基本电费。

8. 关于稽查供电服务受理渠道有什么规定?

答：（1）检查受理渠道是否对外公布，公布的方式是否便于客户获悉。

（2）检查受理部门的记录是否完整，受理记录应包括受理时间、受理部门、受理人、投诉举报内容及承办部门等。

（3）对照受理渠道的原始记录，检查汇总部门的统计是否完备，是否存在遗漏现象。

（4）对涉及客户隐私的资料，检查受理部门、承办部门是否严格遵守保密纪律。

9. 有序用电指标管理的稽查方法包括哪些?

答：（1）根据预警等级划分进行分解和细化，检查分解和细化下一级单位和用电客户的用电负荷指标情况。

（2）当电力供需平衡情况发生变化导致有序用电指标调整时，检查有序用电指标调整情况。

（3）检查有序用电实施执行效果与用电负荷或调控负荷指标对比情况。

10. 电力营销稽查的工作职能有哪些?

答：管理职能；协调职能；服务职能与配合职能。

11. 河南省临时接电电费的收取依据是什么?

答：河南省临时接电电费的收取标准按照《关于转发〈国家发展改革委关于停止收取供配电贴费有关问题的补充通知〉的通知》(豫发改办〔2004〕97 号）文件执行。

12. 临时接电电费的收取原则有哪些?

答:（1）凡临时用电的电力用户均应收取临时接电费用。

（2）临时接电费用的收取必须通过营销业务应用系统。

（3）客户经理和低压勘查员是启动收取临时接电费业务流程的负责人。

（4）临时接电费的收取采取哪里（营业厅）受理申请、哪里负责收取的原则。

（5）临时用电工程在未确认临时接电费进入公司账户时，不得安排对其进行送电。

13. 关于临时接电费的退还是怎么规定的?

答:（1）临时接电费用的退还应在供用电双方合同约定临时用电期限终止前 7 天向申请临时用电的营业厅提出退还申请；

（2）在供用电双方合同约定期限内结束临时用电，并已结清表计剩余电费和拆表销户的，收取的临时接电费用全部退还用户。超过临时用电合同约定期限的，按双方约定执行。

14. 对临时用电的客户有什么要求?

答：临时用电客户在送电前必须签订临时接电协议或合同，以合同方式约定临时接电期限，并预缴容量的临时接电费用；临时用电期限一般不超过 6 个月，最长不超过 3 年。在合同约定期内结束临时用电的，预缴的临时接电费用应全部退还给客户。确需超过合同约定期限的，由双方另行约定。

第15章 抄 表 收 费

一、电量异常处理

1. 在没有仪器、仪表的情况下，如何初步判断电能表接线是否正确?

答：在没有伏安相位表或无条件做相量分析的情况下，如果三相电路对称且负载平衡，可以使用断B相电压法或A、C相电压置换法来初步判断电能表接线是否正确。如断开B相电压后比断开前走得慢一半，则接线正确，否则接线有误。如A、C相电压置换后，电能表不转，则说明接线正确，否则接线有误。

2. 如何确定窃电量?

答：（1）在供电企业的供电设施上擅自接线用电的，所窃电量按私接设备额定容量（千伏安视同千瓦）乘以实际使用时间计算确定。

（2）以其他行为窃取电的，所窃电量按计费电能表标定电流值的容量乘以实际窃用的时间计算确定。窃电时间无法查明时，窃电日数至少以180天计算，每日窃电时间电力用电按12小时计算；照明用户按6小时计算。

3. 电能表不转的主要原因有哪些?

答：（1）电能表内部出现故障。

（2）电能表出现接线错误。

（3）电能表本身烧坏。

（4）电能表失压或失流。

（5）电力客户有窃电行为。

（6）客户未用电。

4. 装表人员凭工单到表库领用电能表时，要检查电能表的哪些项目?

答：检查电能表的校验封印、接线图、检定合格证、资产标记是否齐全，校验日期是否在6个月以内，外壳是否完好。

5. 装表人员凭工单到表库领用互感器时，要检查互感器的哪些项目?

答：检查互感器的铭牌、极性标志是否完整、清晰，接线螺钉是否完好，检定合格证是否齐全。

6. 电能表中性线安装的接线原则是什么?

答：电能表的中性线必须与电源中性线直线连通，进出有序，不允许相互串联，不允许采取接地、接金属外壳等方式替代。

7. 进表线的接线要求是什么?

答：进表线导体裸露部分必须全部插入接线盒内，并将端钮螺钉逐个拧紧。线小孔大时，应采取有效的补救措施。

8. 电能表箱的作用是什么?

答：（1）保护电能表。

（2）加强封闭性能，防止窃电。

（3）防雨、防潮、防锈蚀、防阳光直射。

9. 表箱进出线的安装要求是什么?

答：表箱进出线必须加装绝缘 PVC 套管保护，表箱进线不应有破口或接头，套管上端应留有滴水弯，下端应进入表箱内，以免雨水流入表箱内。

10. 装在计量屏（箱）内及电能表板上的开关，安装位置及接线要求是什么?

答：应垂直安装，上端接电源，下端接负荷。相序应一致，从左侧起排列相序为 A、B、C 或 A、B、C、N。

二、电费回收

1. 退补电费时要注意哪些事项?

答：因电能表计量错误或电费计算错误，必须向用户退还或补收电费时应注意以下事项：①应本着公平合理的原则，仔细做好用户工作，减少国家损失，并维护用户的利益；②退补电费的处理手续要完备、情况清楚，并经各级领导审批后方可办理。

2. 什么叫电价？电价是怎样组成的？制定电价的基本原则是什么？

答：电能销售的价格就叫电价，电价是电能价值的货币表现。电价由电力部门的成本、税收和利润三部分组成。根据《中华人民共和国电力法》第三十六条的规定，制定电价应当坚持合理补偿成本、合理确定收益、依法计入税金、坚持公平负担、促进电力事业发展的原则。

3. 自助缴费的形式主要有几类？

答：（1）自助终端机，客户通过银行、银联、非银金融机构、供电公司的自助终端机按照界面提示步骤缴纳电费。

（2）电话银行，客户通过拨打持卡银行的电话，根据语音提示缴纳电费。

（3）网上缴费，客户通过登录持卡银行或银联的网上银行、代收机构网上商铺、供电企业网上营业厅等网站，根据提示缴纳电费。

（4）手机短信，客户将移动、联通等手机与银行卡绑定，开通手机钱包，同时，在银联等代收电费机构的公共支付平台上将电力客户编号与银行卡绑定，实现手机短信指令缴纳电费。

（5）电费充值卡，供电企业自建“95598”充值平台，或借助移动、联通、电信充值平台，开通充值业务后，客户购买充值卡，拨打指定充值电话，根据语音流程提示缴纳电费。

（6）固网支付，购买具有刷卡功能的电话，开通固定电话公共支付功能，实现“足不出户，轻松缴费”。

自助缴费方式如图 15-1 所示。

图 15-1　自助缴费方式

4. 对用户功率因数的考核标准是什么？对达不到标准的用户如何处理？

答：用户在当地供电企业规定的电网高峰负荷时的功率因数，应达到下列规定：

（1）100kVA 及以上高压供电用户的功率因数为 0.90 以上。

（2）其他电力用户和大、中型电力排灌站的功率因数为 0.85 以上。

（3）农业用电的功率因数为 0.80。

对功率因数不能达到上述规定的新用户，供电企业可拒绝接电。对已送电的用户，供电企业应督促和帮助用户采取措施提高功率因数。对在规定期限内未采取措施达到上述要求的用户，供电企业可中止或限制供电。

5. 电费回收工作中要运用到哪些法律手段？

答：（1）及时运用逾期违约制度，进行违约救济。

（2）充分利用代位权，确保电费顺利清欠。

（3）充分发挥抵消权的作用。

（4）重视支付令在电费回收中的作用。

（5）积极尝试公证送达在清欠中的应用。

（6）积极尝试债转股方式。

（7）依法起诉或申请仲裁。

（8）停限电催费。

6. 什么是零度户？形成原因有哪些？

答：零度户指在一个抄表周期内用电量为零的用电客户。形成原因分为正常和非正常两大类，正常零度户包括未用电零度户、新装表零度户、备用电源零度户、客户暂停零度户等；非正常零度户包括计量故障零度户、有户头无电表零度户、窃电零度户、抄表错误或未抄表零度户等。

7. 造成客户欠费的主观原因有哪些？

答：（1）抄表人员责任心不强，抄表不到位；

（2）客户欠费时催收不及时；

（3）因供电企业供电服务质量问题造成欠费；

（4）外界因素影响催费效果；

（5）缺乏有效地催费技术手段。

8. 电费回收的方式有哪些?

答：①微信；②支付宝；③采用代扣、代收与特约委托收费；④采用预购电收费；⑤采用自助终端收费；⑥其他方式。

9. 居民客户电费违约金怎么计算?

答：(1)电费违约金从预期之日起计算至交清日止；

(2)居民客户滞纳金每日按欠费总金额的千分之一计算；

(3)总额不足1元者按1元收取。

10. 预购电有哪些优点?

答：(1)能够提高电费的回收率；

(2)有效制约客户拖欠电费的情况。

三、抄表器的使用和维护

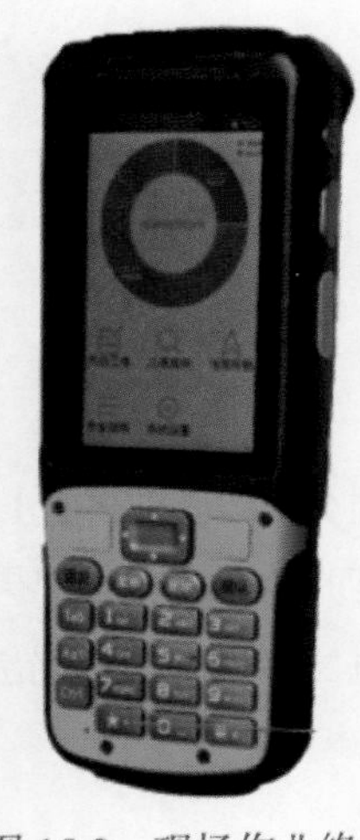

图 15-2 现场作业终端(俗称抄表器)

1. 抄表器如何管理?

答：抄表器应由专属班组专责人员管理，领取使用应填写领用登记记录，填写记录领用人、适用范围、使用时间、使用地址等详细信息。

2. 抄表器的使用范围有哪些?

答：抄表器主要用于对用电信息采集管理系统下发的失败工单进行现场处理。分电能表示数补采、费控用户现场停复电等工作，以处理用电信息采集系统失败的工作任务为主。现场作业终端样式如图 15-2 所示。

3. 抄表器应在什么条件下使用?

答：抄表器应在电能计量装置安装处使用，确保网络信号良好，使抄表器能够实时向主站传送数据。

4. 抄表器的使用要求有哪些?

答：抄表器从系统下载工作任务，应与现场所采集表计档案信息一致；每次所下发采

集工作任务应当日完成；现场采集数据后应核对准确无误后方可上传发送，成功后结束工作任务。

5. 抄表器的工作原理是什么?

答：抄表器工作原理是抄表器与电能表通过红外线提取表计信息数据，利用抄表器内安装的移动通信网络卡，通过网络信号与系统后台对接传送数据。

6. 抄表器提示安全单元同步失败操作步骤有哪些?

答：（1）检查是否正确插入操作员卡及业务卡：按机身标签图示方向指示插入，芯片面朝上，缺角在右上角，左侧操作员卡，右侧业务卡。

（2）如插卡正确，将卡片插入另一台正常抄表器，开机仍不能通过安全单元检测，有可能是卡损坏或发卡失败，需联系计量中心重新发卡。

（3）将正常抄表器的卡片插入本机，仍不能通过安全单元检测（不支持登录），请联系抄表器厂家对机器进行检测。

（4）如果错误输入密码登录次数过多，大于 5 次，卡就会被锁死，需联系计量中心重新发卡。现场作业终端登录如图 15-3 所示。

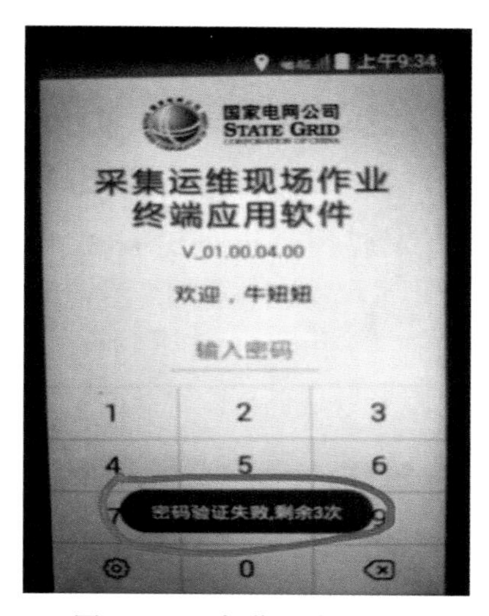

图 15-3　现场作业终端登录

7. 登录时身份认证失败的处理方法有哪些?

答：这种情况多由操作员卡、业务卡、机器绑定信息与后台系统不一致导致，需要联系系统管理，确认绑定信息是否一致，若不一致，需返回计量中心重新发卡绑定。

8. 抄表器网络连接失败或网络异常应如何处理?

答：（1）检查网络信号连接状态，是否打开了“移动数据”开关；

（2）检查主站 IP 地址及端口设置；

（3）核实卡片是否为省公司统一配发的手机卡，若不是，向计量中心提出申请；

（4）检查运营商 APN 设置，于相关管理员联系。

9. 抄表器登录成功但不能获取工单的原因有哪些?

答：（1）工单派发的原因。确认工单派发对象是否为接单人，也可向系统运维人员求助确认。

（2）抄表器登录时由于操作过快，信号尚未稳定，抄表器处于离线状态，因而无法获取工单，需返回到登录界面重新登录。如果是在线登录，会有时钟同步信息提示，可留意观察。

（3）管理系统访问量过大，造成工单下载超时，可以联系系统运维人员，协助查询工单状态，或者稍晚重新获取工单。

10. 现场红外抄表不成功应如何检查处理?

答：（1）是否离表计较远，抄表角度超出红外接收范围：红外发射与接收应在30°角的锥形范围内，现场可调整角度重试。

（2）有些表计挂在室外，阳光很容易直射到电表上造成阳光干扰：抄表应避免阳光直射电表或抄表器。

（3）红外认证失败，执行Q/GDW 376.1—2009规约的电能表不支持红外认证，失败属于正常现象，不影响抄表结果。

（4）由于电能表已换表，造成通信地址不匹配，而系统中的信息还是旧表信息，检查电表表号是否与抄表器显示的通信地址是否一致。

11. 抄表器中还未处理的工单自动消失是怎么回事?

答：（1）后台系统通过采集系统成功获取数据后会将工单取消，属于正常流程，此时可以从“消息提醒”中查看对应的提醒信息。

（2）费控用户停电工单在用户交费后主站系统内工单撤回。

第16章 装 表 接 电

1. 当发现配电箱、电表箱箱体带电时，应如何处理?

答：断开上一级电源将其停电，查明带电原因。

2. 装表接电的工作要求有哪些?

答：装表接电工作应由 2 人及以上协同进行，使用安全、可靠、绝缘的登高工器具，并做好防止高处坠落的安全措施。现场装表接线如图 16-1 所示。

图 16-1　现场装表接线

3. 装表完成后应进行哪些检查?

答：检查进线电源和出线负荷显示是否正常，相序是否正确，接线是否牢固，封印是否完好，电表数据是否正确。

4. 单相有功电能表在安装时，若将电源的相线和中性线接反有何危害？

答：相线和中性线接反相当于中性线串接在电能表的电流线圈上，有如下危害：当采用一相和一地（断开电能表中性线）用电时，电能表只有电压，无电流，电能表不计量。单相电能表的正确接线方式如图 16-2 所示。

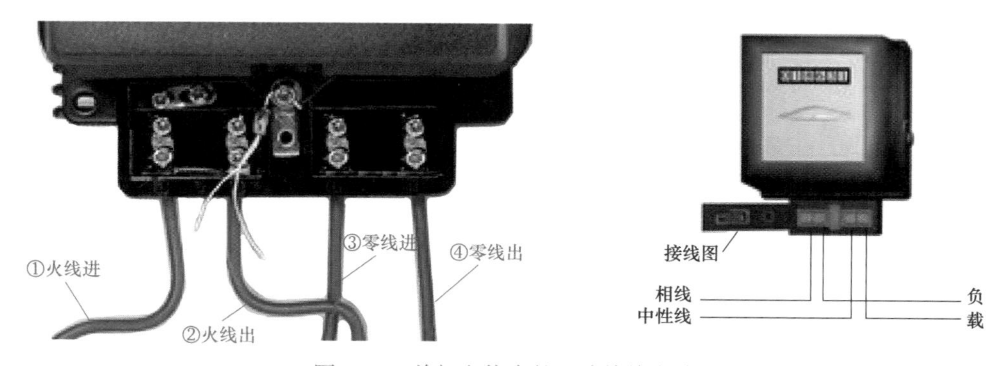

图 16-2　单相电能表的正确接线方式

5. 按常用用途分类，电能表主要分为哪几种?

答：主要有单相有功电能表、三相有功电能表、三相无功电能表、最大需量电能表、分时电能表、多功能电能表、铜损耗电能表、预付费电能表。

6. 电能计量印、证的种类包括哪些?

答：电能计量印包括检定合格印、安装封印、现校封印、管理封印及抄表封印、注销印等；证包括检定证书、检定结果通知书、检定合格证、测试报告。各类证书和报告应执行国家统一的标准格式。

第17章　线　损　管　理

1. 什么是线损?

答：线损是电网电能损耗的简称，是电能从发电厂传输到电力用户过程中，在输电、变电、配电和营销环节中所产生的电能损耗和损失。

2. 什么是线损率?

答：线损率是指有功电能损失与输入端输送的电能量之比，或有功功率损失与输入的有功功率之比的百分数。

3. 查电种类包括什么?

答：①重点查电；②临时查电；③抽查；④普查。

4. 有关查电的程序是什么?

答:（1）核对表计与抄表卡是否相符。

（2）检查计量盘的封闭是否完好。

（3）检查表计的表尾、表壳、TA 的二次端子以及电压线的封闭是否完好。

（4）测试计量误差，判断计量装置是否正常。

（5）查找故障点，获取窃电证据。

（6）检查表壳铅封是否正常。

（7）核算表内电量。

（8）检查表计型号是否正确。

（9）检查 TA 选择是否正常。

（10）检查二次线材材质是否正确：①电流线用 $4mm^2$ 铜线；②电压线用 $2.5mm^2$ 铜线。

（11）检查二次接线中有无接头。

（12）检查二次回路中有无串、并联其他表计，如电流表、功率表。

（13）检查计量装置中性线是否合理。

（14）检查计量盘是否被短接。

（15）检查瓷嘴封闭是否完好。

（16）检查瓷嘴至计量装置的导线封闭是否完好。

（17）故障不明确、需外勤班现场校验的，及时通知外勤班。

（18）查电终结或临时终结应将表尾和计量盘封闭。

5. 降损的技术措施有什么？

答：（1）设计好电网的合理布局。为适应负荷日益增长的需要，把高压引入乡镇或工业负荷中心，减少电力网络的供电半径，以保证供电电压质量和减少线损电量。

（2）对电力网进行升压，提高线路电压，简化电压等级。

（3）将截面小的导线改为截面较大的导线，尽量减小等值电阻。

（4）减小线路的迂回供电。在农村电网中，有些地方缺乏规划，出现 10kV 线路越拉越长以至出现线路迂回供电情况。采用调弯取直的办法，对降低线损有很大的好处。

（5）安装电力电容器，实施就近无功补偿，合理投切，以提高送电的功率因数，减小线路损耗。

（6）提高线路的经济运行水平。

（7）变压器经济运行，如果变电站有两台变压器并联运行时，在小负荷时变压器铁损部分所占比重就会增大。当变电站的总负荷大于临界负荷，则宜用两台变压器且同时投入运行，如果变电站的总负荷小于临界负荷，则应用一台变压器运行。

（8）变电站采用有载调压变压器，合理调整电压输出，保证供电质量。

（9）变电站集中补偿电容器组采用两组或三组，实现自动投切，提高变电站的功率因数及电容器的投运率。

（10）增建 110kV 变电站，主电源点合理布局，缩短 10kV 配电线路的供电距离，对用户集中的负荷点可以采用 10kV 专线，或用直配电变压器压器供电。

（11）加强对电力线路的维护，提高检修质量。定期进行线路巡视，及时发现故障，处理电流泄漏和接头过热事故。减少因接头电阻过大引起损失。对电力线路沿线的树木应经常剪砍，还应定期清扫变压器、断路器的绝缘瓷件。

（12）在自动化抄表管理的基础上，实现线损动态、实时、科学管理，配电变压器远方抄表，实现整个电网的动态、实时、科学线损管理。

6. 降损的组织措施有什么？

答：（1）经常进行用电普查，降损以勤查、勤抄、勤算、勤分析为重点。查偷漏、卡账，查电流、电压、互感器变化，查电能表接线和准确度以及查私增用电容量。以大用户为重点，采取定期普查与发现问题突击检查结合、用电管理队伍与群众管理队伍相结合的办法进行。坚决消灭无表用电和违章用电。

（2）加强抄表和核算工作，以提高电力网售电准确性。严格抄、核、收制度，防止错抄、漏抄、不抄、少抄、估抄等现象，以提高抄见准确率。对用户的抄表应固定日期、固定路线进行抄录。

（3）加强计量管理，定期轮换，提高计量准确性，降低线损。

（4）加强反窃电的技术措施和管理组织措施。

（5）严格线损管理岗位责任制，积极推进线损指标竞赛制。加强职工政治思想教育，艰苦奋斗，不谋私情，不谋私利。

（6）定期开展线损分析与专项问题分析，及时掌握线损率完成情况。可每月每季进行一次全面总结，研究发现问题，并提出改进意见。对线损不稳定的线路应多次抄表计算，以便发现问题。

（7）实行线损分级管理、分级核算，分地区、分单位、分电压等级、分线路、分台区进行考核，把线损指标下达到各单位。考核到线路、台区，拟定降损评奖办法，奖励到核算单位，发挥供电职工对降损的积极性。

（8）开展线损理论计算，明确降损方向。根据现有电网接线方式及负荷水平，对各元件电能损耗进行计算，以便为电网改造和考核线损是否合理提供理论依据。不断收集整理理论线损计算资料，经常分析线损变化情况及原因，为制订降损方案和年季度计划指标提供依据。

（9）合理安排计划，开展经济调度，减少用电负荷峰谷差，提高负荷率。

7. 固定损耗包括哪些方面?

答：①发电厂、变电站的升压变压器和降压变压器以及配电变压器的铁损；②电缆和电容器的绝缘介质损耗；③调相机、调压器、电抗器、互感器、消弧线圈等设备的铁损及绝缘子的损耗；④保护装置和仪表，如电能表电压回路或线圈的损耗；⑤电晕损耗。

8. 线损管理的三大保障体系是什么?

答：线损管理的三大保障体系是管理体系、技术体系、保证体系。

9. 无功补偿有哪些作用?

答：①改善电压质量；②提高设备利用率；③降低线损。配电变压器安装无功集中补偿装置如图 17-1 所示。

图 17-1　无功集中补偿装置

10. 三相负荷不平衡产生的原因是什么?

答：①有功不平衡造成的三相负荷不平衡；②无功负荷不平衡造成的负荷不平衡。

11. 三相负荷不平衡有什么危害?

答：①增加线损；②降低配电变压器供电能力；③造成三相电压不对称，降低供电质量和计量精度。

12. 三相负荷不平衡在实际工作中怎样解决?

答：目前一般采取人工调整负荷、加装随机无功补偿等方式，解决大负荷时的三相负荷不平衡。

13. 日常工作中如何监控三相负荷平衡情况?

答：在日常工作中，一般通过 PMS 系统进行负荷监控。系统负荷监控界面如图 17-2 所示。

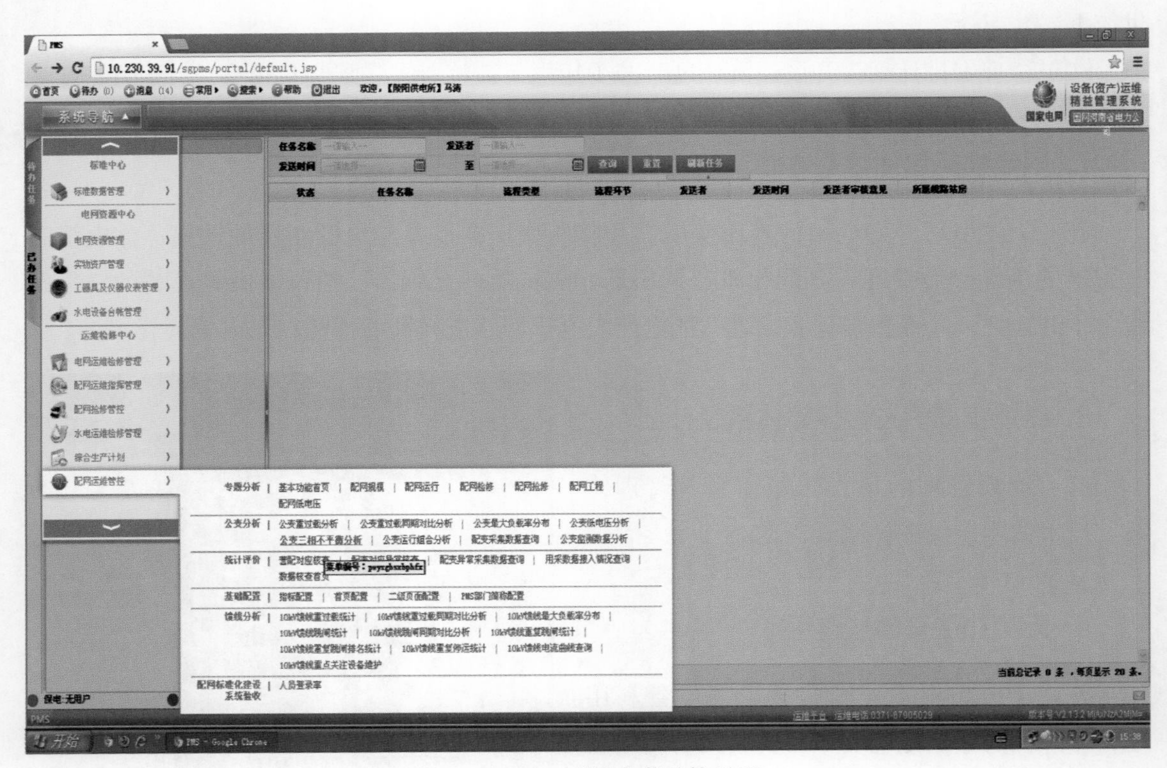

图 17-2　PMS 系统负荷监控界面

14. 引起线损波动的主要因素有哪些?

答：引起线损波动的因素很多，一般可归纳为以下几类：电量失真、电网结构及设备变化、供售端抄表不同步、系统运行因素的影响、外部因素影响等。

15. 影响配电公用台区低压线损率高低、升降的主要因素有哪些?

答：①该台区低压电网结构（供电半径、导线截面积）；②用电结构（决定了该台区用电负荷率和功率因数）；③用电水平（决定了该台区电网运行的经济性）；④电能计量装置的精度与电能量采集方式；⑤线损管理水平。

16. 什么是变压器的铜损和铁损?

答：铜损是当电流通过变压器绕组时在绕组内产生的损耗；铁损是在铁芯内的损耗，主要包括磁滞损耗和涡流损耗。

17. 线损率分析法的内容是什么?

答：电网的线损率由理论线损和管理线损构成。线损率分析法的具体内容如下：

（1）做好线损率的统计计算和分析。

（2）做好理论线损的计算、分析，推广理论线损的在线实测。

（3）通过加强管理减少用电营业人员人为因素造成的电量损失，并且对由于这方面因素造成的电量损失要做到心中有数，以免对分析判断造成误导。

（4）从时间上对线损率变化情况进行纵向对比。

（5）从空间上对线损率差异情况进行横向对比。

18. 线损的不明损耗包括哪些方面?

答：不明损耗又称为其他损耗，指的是供用电过程中的跑、冒、滴、漏等造成的损耗。主要包括：①计量装置（电能表、计量用互感器及它们之间的连接装置）本身的综合误差，计量装置故障如电压互感器熔丝断保险、电能表停转或空转（潜动）和电能表接线错误；②营业工作中的漏抄、漏计、错算及倍率差错等；③用户的违章用电（窃电）；④变电站的直流充电装置，控制及保护、信号、通风冷却等设备损耗的电量，以及调相机辅机的耗电量；⑤带电设备绝缘不良引起的泄漏电流等；⑥供售电量抄计时间不对应（时间和负荷水平不一致）；⑦统计线损与理论线损计算的口径不一致，以及理论计算的误差等。

19. 如何消除线损中的其他损耗？

答：其他损耗的多少取决于管理水平的高低，因此应加强管理使其他损耗尽可能降低。要降损技术改造是基础，管理是关键，要逐步使降损管理科学化、条理化、制度化、标准化，以杜绝窃电和违章用电的发生，具体措施为：

（1）加强计量工作，对电能表的安装、运行、管理必须严肃认真，专人负责，做到安装正确合理，按规程要求定时轮换校验，其误差值在合格范围内并尽可能降低，以便达到电能计量准确合理。

（2）加强抄、核、收，防止偷、漏、错，包括：①定期抄表，要提高抄表实抄率，估抄、估算既影响线损率准确性，又为用户窃电提供方便；②对电能表、互感器必须加封；③做好用户用电分析，如工厂的产量和单耗，对农村排灌面积及其他用电设备等进行同类分析对比，发现问题及时解决；④定期进行用电普查，对可疑用户组织突击抽查，以防用户窃电，常见的偷、漏、错，除了用户窃电外，还有电表接线错误，互感器极性接反，互感器倍率乘错，电表示数减错，电表转盘不灵活，电表字盘卡住等；⑤消除用户无表用电和违章用电。

（3）输、变、配电设备，如变压器、线路等带电设备，绝缘要处在良好状态，避免漏电和放电现象，做好年度预试工作。

（4）将线损率计划指标完成好坏直接与本企业职工的经济效益挂钩，提高职工工作积极性更好地完成或超额完成上级下达的线损指标，从而提高全网的经济效益。

20. 系统线损管理是什么？

答：线损管理是用电管理的一项重要业务内容，根据生产部门提供的变电站、线路、台区资料，建立和维护变电站、线路、台区基础管理信息，获取和确认考核数据，统计计算出供电单位 10kV 及以下的台区、线路、分压线损率和计划指标完成情况，为线损率的异常检查、工作质量考核和经济分析提供依据。

线损管理功能包括线损基础信息管理、考核单元管理、考核电量管理、线损统计、线损异常管理。

21. 用电信息采集系统线损实时统计功能有哪些？

答：线损统计管理业务，依托采集系统实时采集电能量信息，统计生成各项线损数据。目前用电采集系统在高级应用模块中增加了同期线损管理，可以对各供电单位、台区、线路实行日、月线损实时监控。

（1）分压线损统计。按电压等级分级统计线路的线损，分压线损统计主要包括高压侧线损和低压侧线损，获取各电压等级线损计划指标，计算出实际线损率与计划指标值的差异值。

（2）分线路线损统计。根据线路线损模型计算供电量和售电量，统计线路线损电量、线损率、本月线损率、季度累计线损率、年累计线损率；获取线路线损计划指标，计算出实际线损率与计划指标值的差异值。

（3）分管理单位线损统计。按管理单位统计线路的供电量和用电客户的售电量、线损电量、有损线损率、综合线损率；获取供电单位线损计划指标，计算出实际线损率与计划指标值的差异值。

（4）分台区线损统计。根据台区考核单元供电量和售电量，统计台区线损电量、本月线损率、季度累计线损率、年累计线损率；获取台区线损指标，计算出实际线损率与计划指标值的差异值。

（5）组合线损模型统计。根据组合线损模型统计供电量和售电量、线损电量、有损线损率、综合线损率；获取供电单位线损计划指标，计算出实际线损率与计划指标值的差异值。

线损实时管理实现了供电系统各环节线损率的全过程自动统计，为线损管理人员提供强大的综合查询、统计分析等功能，为领导决策提供有力的辅助手段，提高了营销管理水平、工作效率和经济效益。

第 18 章　营销管理信息系统、用电信息采集系统操作应用

1. 电力营销管理信息系统中的营销基础资料管理内容包括哪些？

答：包括客户档案管理、供用电合同管理和台区、线路资料管理。

2. 低压业务变更用电主要有哪些业务？

答：包括故障表计轮换、周期换表、容量变更换表、更名或过户、迁址、销户等。用电业务告知书样张如图 18-1 所示。

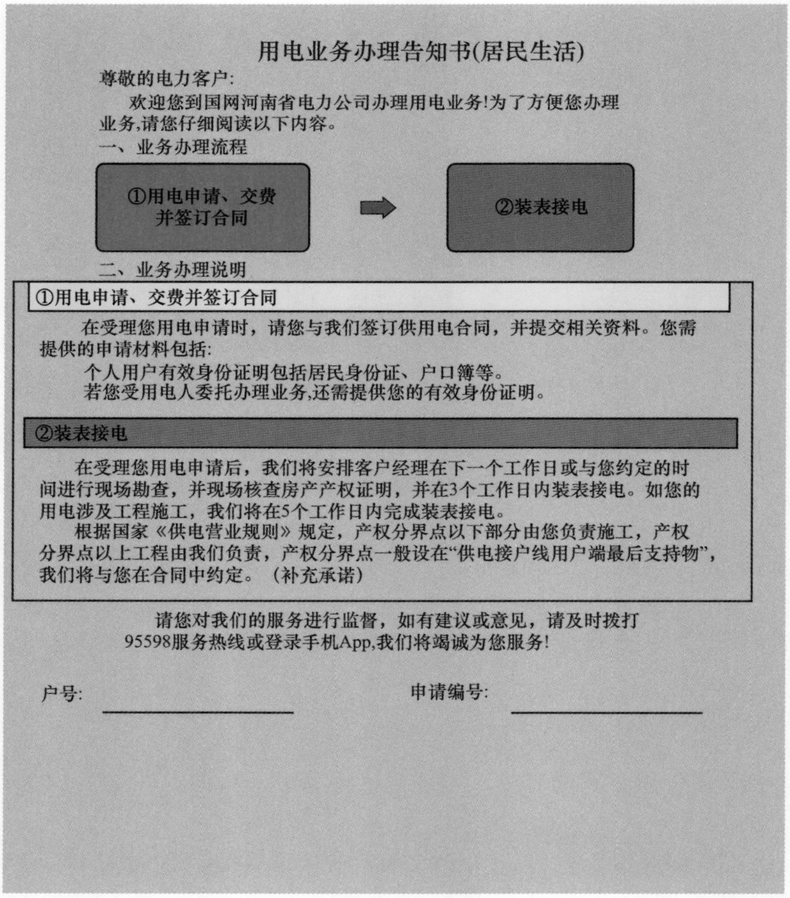

用电业务办理告知书(居民生活)

尊敬的电力客户:

欢迎您到国网河南省电力公司办理用电业务!为了方便您办理业务,请您仔细阅读以下内容。

一、业务办理流程

①用电申请、交费并签订合同 ➡ ②装表接电

二、业务办理说明

①用电申请、交费并签订合同

在受理您用电申请时，请您与我们签订供用电合同，并提交相关资料。您需提供的申请材料包括:

个人用户有效身份证明包括居民身份证、户口簿等。

若您受用电人委托办理业务,还需提供您的有效身份证明。

②装表接电

在受理您用电申请后，我们将安排客户经理在下一个工作日或与您约定的时间进行现场勘查，并现场核查房产产权证明，并在3个工作日内装表接电。如您的用电涉及工程施工，我们将在5个工作日内完成装表接电。

根据国家《供电营业规则》规定，产权分界点以下部分由您负责施工，产权分界点以上工程由我们负责，产权分界点一般设在“供电接户线用户端最后支持物”，我们将与您在合同中约定。（补充承诺）

请您对我们的服务进行监督，如有建议或意见，请及时拨打95598服务热线或登录手机App,我们将竭诚为您服务!

户号: ____________　　申请编号: ____________

图 18-1　用电业务告知书

3. 什么是用电信息采集系统?

答：用电信息采集系统是对各信息采集点用电信息进行采集的系统。可以实现电能表数据的采集、数据管理、数据双向传输以及转发或执行命令。用电信息采集系统在物理上可分为主站、通信信道和采集设备三部分。其中主站部分单独组网，与其他应用系统以及公网信道采用防火墙进行安全隔离，保证系统的信息安全。用电信息采集系统结构如图 18-2 所示。

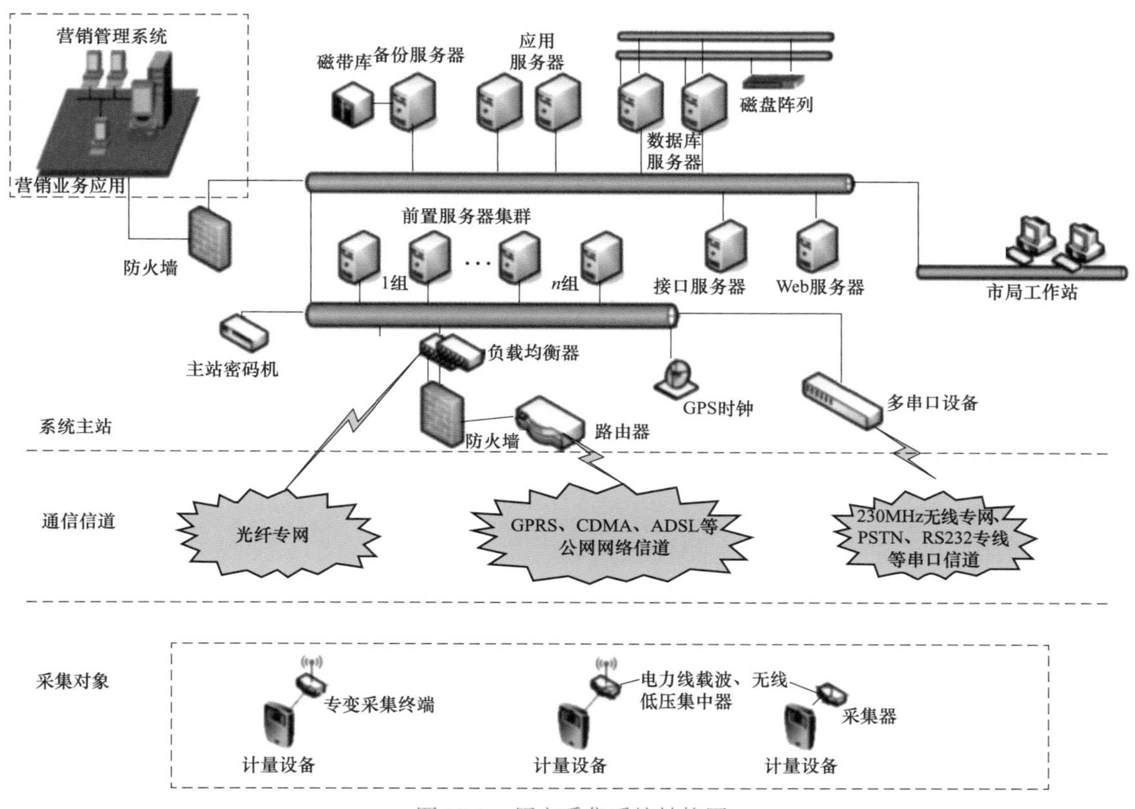

图 18-2 用电采集系统结构图

4. 什么是集中抄表终端?

答：集中抄表终端是对低压用户用电信息进行采集的设备，包括集中器、采集器。集中器是指收集各采集器对电能表的数据采集，并进行储存处理，同时能和主站或手持设备进行数据交换的设备。采集器是用于采集多个或单个电能表的电能信息，并可与集中器交换数据的设备。采集器依据功能可分为基本型采集器和简易型采集器。基本型采集器抄收和暂存电能表数据，并根据集中器的命令将储存的数据上传给集中器；简易型采集器直接转发集中器与电能表间的命令和数据。集中抄表终端如图 18-3 所示。

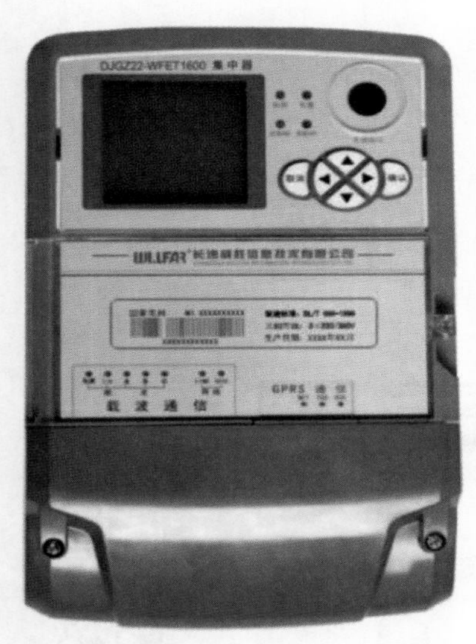
图 18-3 集中抄表终端（集中器）

5. 什么是抄表段？

答：抄表段是指对用电客户和考核计量点进行抄表的一个管理单元。

6. 营销信息系统内抄表段管理包括哪些功能？

答：建立抄表段名称、编号、管理单位等抄表段基本信息；建立和调整抄表方式、抄表周期、抄表例日等抄表段属性；对空抄表段进行注销等管理。

7. 新建抄表段应该注意哪些事项？

答：新建抄表段应该从符合实际工作要求的角度出发；需要进行台区线路损耗考核的，同一个台区的多个抄表段的抄表例日必须相同；采用手工抄表、抄表机抄表、远采集抄不通的抄表方式的客户不可混在一个抄表段内；执行两部制电价的客户抄表周期不能大于一个月；执行功率因数调整电费的客户抄表周期不能大于一个月。

8. 新用户分配抄表段的原则是什么？

答：根据新装客户计量装置安装地点所在管理单位、抄表区域、线路、配电台区以及抄表周期、抄表方式、抄表段的分布范围等资料，为新装客户分配抄表段。

9. 抄表数据主要包括哪些内容？

答：抄表数据主要包括资产编号、客户编号、客户名称、用电地址、电价、陈欠电费总金额、示数类型、本次示数、上次示数、综合倍率、抄表状态、抄表异常情况、上次抄表日期、本次抄表日期、抄见电量、上月电量、前三个月平均电量、电费年月、抄表段编号、抄表顺序、表位数、联系人、联系电话。

10. 抄表数据复核的主要内容有哪些？

答：尖峰平谷电量之和等于有功（正反）总电量；本月示数小于上月示数；零电量、电能表损坏、未抄、有协议电量或修改过示数的；抄表自动带回的翻转、估抄等异常；与同期或历史数据比较进行查看，电量突增、突减的客户；按电量范围进行查看，看客户数

据是否正确；连续三个月估抄或连续三个月零电量的。

11. 对发现的远程抄表方式多月零电量客户应如何处理?

答：对连续几个抄表周期出现零电量的客户，应抽取不少于 20% 的客户进行现场核实。

12. 远程抄表应该遵守的工作规范?

答：远程抄表时，应定期与客户端用电计量装置记录的有关用电计费数据进行现场核对。

在采用远程抄表方式后的三个抄表周期内，应每月进行现场核对抄表。发现数据异常，立即报职责部门进行处理。

正常运行后，至少每三个抄表周期与现场计费电能表记录数据进行一次现场核对。对连续两个抄表周期出现抄表数据为零的客户，应抽取不少于 20% 的客户进行现场核实。

当抄表例日无法正确抄录数据时，应在抄表当日进行现场补抄，并立即报职责部门进行消缺处理。

13. 载波远程抄表有哪些特点?

答：电力线载波是电力系统特有的通讯方式，特点是集中器与载波电能表之间的下行通道采用低压电力线载波通信。载波电能表由电能表加载波模块组成。每个客户装设的载波电能表就近与交流电源线相连接，电能表发出的信号经交流电源送出，设置在抄表中心站的主机则定时通过低压用电线路以载波通讯方式收集客户电能表测得的用电数据信息。上行信道一般采用公用电话网或无线网络。

14. 什么是电能表示数翻转?

答：电能表示数翻转指电能表示数超过最大位数后从零继续开始计数。同义词有过周、过零、翻表。

15. 抄表过程中发现客户用电量突变应如何处理?

答：抄表过程中发现客户用电量突变，应核对抄表示数是否正确，检查计量装置是否正常，了解客户生产变化情况，同时做好现场记录，提出异常报告并及时报相关部门处理。

16. 什么是电能表的实抄率?

答：抄表人员每月的实际抄表户数与计划安排的应抄户数之比的百分数，称为电能表实抄率。季、年为积累实抄率，计算公式为实抄率 = 实抄户数 / 应抄户数 ×100%。

17. 抄表周期为什么不能随意调整?

答:（1）抄表周期的变化会影响线损的正确计算；

（2）抄表周期的变化会影响功率因数、基本电费、变压器损耗的正确计算；

（3）若遇电价调整，抄表周期变化会引起电费纠纷；

（4）抄表周期变化不利于客户核算成本和产品单耗管理。

第4篇 电力法律法规及企业文化

一、法律法规

1. 生产经营单位确保安全生产的基本义务是什么?

答:《中华人民共和国安全生产法》规定:

(1)生产经营单位必须遵守本法和其他有关安全生产的法律、法规;

(2)生产经营单位必须加强安全生产管理;

(3)生产经营单位必须建立、健全安全生产责任制度;

(4)生产经营单位必须完善安全生产条件。

2. 从业人员享有的安全生产保障权利主要包括哪些内容?

答:(1)有关安全生产的知情权;

(2)有获得符合国家标准的劳动防护用品的权利;

(3)有对安全生产生产提出批评、建议的权利;

(4)有对违章指挥的拒绝权;

(5)有采取紧急避险措施的权利;

(6)在发生生产安全事故后,有获得及时抢救和医疗救治并获得工伤保险赔付的权利等。

3. 从业人员保证安全生产的义务有哪些?

答:(1)在作业过程中必须遵守本单位的安全生产规章制度和操作规程,服从管理,不得违章作业;

(2)接受安全生产教育和培训,掌握本职工作所需要的安全生产知识;

(3)发现事故隐患应当及时向本单位安全生产管理人员或主要负责人报告;

(4)正确使用和佩戴劳动防护用品。

4.《中华人民共和国安全生产法》对特种作业人员上岗有什么规定?

答:生产经营单位的特种作业人员必须按照国家有关规定经专门的安全作业培训,取得相应资格,方可上岗作业。

特种作业人员的范围由国务院安全生产监督管理部门会同国务院有关部门确定。

5. 国家制定《中华人民共和国电力法》的目的是什么?

答：为了保障和促进电力事业的发展，维护电力投资者、经营者和使用者的合法权益，保障电力安全运行。

6. 电力生产与电网运行应当遵循什么原则，达到什么要求?

答：电力生产与电网运行应当遵循安全、优质、经济的原则，达到连续、稳定，保证供电可靠性的要求。

7. 供电企业是否可以拒绝对其营业区内的单位和个人供电?

答：供电企业对其营业区内的用户有按照国家规定供电的义务；不得违反国家规定对其营业区内申请用电的单位和个人拒绝供电。

8. 在依法划定电力设施保护区前已经种植的植物应当怎么办?

答：在依法划定电力设施保护区前已经种植的植物妨碍电力设施安全的，应当修剪或者砍伐。

9. 有单位和个人需要在依法划定的电力设施保护区内进行可能危及电力设施安全的作业时，应当办什么手续？

答：任何单位和个人需要在依法划定的电力设施保护区内进行可能危及电力设施安全的作业时，应当经电力管理部门批准并采取安全措施后，方可进行作业。

10. 扰乱电力生产企业、变电站、电力调度机构和供电企业的秩序，致使生产、工作和营业不能正常进行的，应当负怎样的法律责任?

答：应当给予治安管理处罚的，由公安机关依照治安管理处罚条例的有关规定予以处罚；构成犯罪的，依法追究刑事责任。

11. 根据《电力设施保护条例》规定，在架空电力线路保护区内，不得从事哪些行为?

答：任何单位或个人在架空电力线路保护区内，必须遵守下列规定：

（1）不得堆放谷物、草料、垃圾、矿渣、易燃物、易爆物及其他影响安全供电的物品；

（2）不得烧窑、烧荒；

（3）不得兴建建筑物、构筑物；

（4）不得种植可能危及电力设施安全的植物。

12. 用户不得有哪些危害供电、用电安全，扰乱正常供电、用电秩序的行为？

答：（1）擅自改变用电类别；

（2）擅自超过合同约定的容量用电；

（3）擅自超过计划分配的用电指标的；

（4）擅自使用已经在供电企业办理暂停使用手续的电力设备，或者擅自启用已经被供电企业查封的电力设备；

（5）擅自迁移、更动或者擅自操作供电企业的用电计量装置、电力负荷控制装置、供电设施以及约定由供电企业调度的用户受电设备；

（6）未经供电企业许可，擅自引入、供出电源或者将自备电源擅自并网。

13.《供电营业规则》规定的违约用电行为有哪些？

答：（1）在电价低的供电线路上，擅自接用电价高的用电设备或私自改变用电类别的，应按实际使用日期补交其差额电费，并承担二倍差额电费的违约使用电费。使用起讫日期难以确认，实际使用时间按三个月计算。

（2）私自超过合同约定的容量用电的，除应拆除私增容设备外，属于两部制电价的用户，应补交私增设备容量使用月数的基本电费，并承担三倍私增容量基本电费的违约使用电费；其他用户应承担私增容量每千瓦（千伏安）50 元的违约使用电费。如用户要求继续使用者，按新装增容办理手续。

（3）擅自超过计划分配的用电指标的，应承担高峰超用电力每次每千瓦 1 元和超用电量与现行电价电费五倍的违约使用电费。

（4）擅自使用已在供电企业办理暂停手续的电力设备或启用供电封存的电力设备的，应停用违约使用设备。属于两部制电价的用户，应补交擅自使用或启用封存设备容量和使用月数的基本电费，并承担二倍补交基本电费的违约使用电费；其他用户应承担擅自使用或启用封存设备容量每次每千瓦（千伏安）30 元的违约使用电费。启用属于私自增容被封存的设备的，违约使用者还应承担本条第 2 项规定的违约责任。

（5）私自迁移、更动和擅自操作供电企业的用电计量装置、电力负荷管理装置、供电设施以及约定由供电企业调度的用户受电设备者，属于居民用户的，应承担每次 500 元的违约使用电费；属于其他用户的，应承担每次 5000 元的违约使用电费。

（6）未经供电企业同意，擅自引入（供出）电源或将备用电源和其他电源私自并网的，

除当即拆除接线外，应承担其引入（供出）或并网电源容量每千瓦（千伏安）500 元的违约使用电费。

14. 供电企业对本供电营业区内的用户进行用电检查，用户应当接受检查并为供电企业的用电检查提供方便。用电检查的内容包括什么?

答：（1）用户执行国家有关电力供应与使用的法规、方针、政策、标准、规章制度情况。

（2）用户受（送）电装置工程施工质量检验。

（3）用户受（送）电装置中电气设备运行安全状况。

（4）用户保安电源和非电性质的保安措施。

（5）用户反事故措施。

（6）用户进网作业电工的资格、进网作业安全状况及作业安全保障措施。

（7）用户执行计划用电、节约用电情况。

（8）用电计量装置、电力负荷控制装置、继电保护和自动装置、调度通信等安全运行状况。

（9）供用电合同及有关协议改造的情况。

（10）受电端电能质量状况。

（11）违章用电和窃电行为。

（12）并网电源、自备电源并网安全状况。

15. 劳动合同的期限分哪几种形式?

答：固定期限、无固定期限和以完成一定工作任务为期限三种形式。

16. 三年以上固定期限和无固定期限的劳动合同的试用期是多长?

答：三年以上固定期限和无固定期限的劳动合同均不得超过六个月。

17. 用人单位与劳动者续订劳动合同应符合哪些条件?

答：（1）生产经营需要；

（2）劳动者在劳动合同期内能胜任工作，经考核合格的；

（3）用人单位规定的其他条件。

18. 根据《中华人民共和国合同法》规定，供用电合同的内容应当包括哪些条款?

答：供用电合同的内容包括供电的方式、质量、时间、用电容量、地址、性质、计量方式、电价、电费的结算方式、供用电设施的维护责任等条款。

19. 根据《中华人民共和国合同法》规定，合同中的哪些免责条款无效？

答：（1）造成对方人身伤害的；

（2）因故意或者重大过失造成对方财产损失的。

20.《居民用户家用电器损坏处理办法》适用于哪些范围？

答：适用于由供电企业以 220/380V 电压供电的居民用户，因发生电力运行事故导致电能质量劣化，引起居民用户家用电器损坏时的索赔处理。

21. 居民用户家用电器的损坏索赔时限如何规定？

答：从家用电器损坏之日起七日内，居民用户未向供电企业提出索赔要求的，即视为受害者已自动放弃索赔权。超过七日的，供电企业不再负责其赔偿。

22. 由于电力运行事故造成对居民用户家用电器损坏，可修复的，供电企业如何承担责任？

答：对损坏家用电器的修复，供电企业承担被损坏元件的修复责任，修复所发生的元件购置费、检测费、修理费均由供电企业负担。

23. 由于电力运行事故造成居民用户家用电器的损坏，对不可修复且其购买时间在六个月及以内如何处理？

答：对不可修复的家用电器，其购买时间在六个月及以内的，按原购货发票价，供电企业全额予以赔偿。

24. 由于电力运行事故造成居民用户家用电器的损坏，对不可修复的经供电企业清偿后，家用电器怎样处理？

答：清偿后，损坏的家用电器归属供电企业所有。

二、企业文化

1. 什么是企业文化“五统一”要求？

答：统一价值理念、统一发展战略、统一制度标准、统一行为规范、统一公司品牌。

2. 国家电网公司的使命是什么？

答：为美好生活充电，为美丽中国赋能。

3. 国家电网公司的宗旨是什么？

答：人民电业为人民。

4. 国家电网公司的电网发展理念是什么？

答：安全、优质、经济、绿色、高效。

5. 国家电网公司的企业精神是什么？

答：努力超越、追求卓越。

6. 国家电网公司的核心价值观是什么？

答：以客户为中心、专业专注、持续改善。

7. 国家电网公司的定位是什么？

答：国民经济保障者，能源革命践行者，美好生活服务者。

8. 国家电网公司的战略目标是什么？

答：具有中国特色国际领先的能源互联网企业。

附录　供电所员工技能实操培训视频网址

序号	大类	中类	小类	课程题目	内容简介	国网公司网络大学地址链接	优先级
1	一、基础知识	（一）电工基础知识	1. 电工基础知识	电力基础知识	电的形成及其特性；电力系统的组成；电力系统并网条件；电力系统解列方式；安全用电常识；节约用电常识	http://wldx.sgcc.com.cn/www/html/LessonsDetail/8a8128a157a856520157f63e25710e2e.html	★★★
2				变压器各组件的结构和作用	变压器原理及调压装置、套管、冷却装置、测温装置、保护装置等组件的基本原理、结构和作用	http://wldx.sgcc.com.cn/www/html/LessonsDetail/8a8128a15833b932015887e11a3916de.html	★★★
3				配电变压器基本知识	配电变压器分类和型号；工作原理；基本结构；铭牌及其技术参数；绕组联结组别	http://wldx.sgcc.com.cn/www/html/LessonsDetail/8a8128a249ff83f8014a5b06dc960628.html	★★
4				架空线路设计	架空线路的应用；架空线路设计气像条件；架空线路的设计及路径选择；导线与避雷线的选择；绝缘子的选择	http://wldx.sgcc.com.cn/www/html/LessonsDetail/8a84a2fa575b681a0157fa922edb32b6.html	★★★
5				水泥杆初识	直线杆、转角杆、分支杆、终端杆、跨越杆简介及受力特点	http://wldx.sgcc.com.cn/www/html/LessonsDetail/8a8128a1575b793a015769b7cced001e.html	★
6				电力电缆基础知识	电力电缆种类和特点；基本结构；命名规则；附件；运行维护要求	http://wldx.sgcc.com.cn/www/html/LessonsDetail/8a8128a249ff83f8014a5b06dc910626.html	★★★
7				避雷针防雷原理	避雷针防雷原理及正确选择避雷针安装位置	http://wldx.sgcc.com.cn/www/html/LessonsDetail/8a84a2fa5833abd901588fe8b5f80986.html	★
8				认识漏电保护器	漏电保护器的原理、作用、注意事项	http://wldx.sgcc.com.cn/www/html/LessonsDetail/8a8128a157a9ed410157add0f978010a.html	★★
9		（二）安全知识	1. 安全知识	农村电力安全常识	农村电力安全用电常识和注意事项	http://wldx.sgcc.com.cn/www/html/LessonsDetail/8a84a2fa575b70570157a3eb08964683.html	★★★
10				防触电安全常识	防触电安全常识；触电后急救措施	http://wldx.sgcc.com.cn/www/html/LessonsDetail/8a84a2fa575b6b1b0157f5537d085af4.html	★★★
11				现场勘察的规范化作业	为保证配电线路作业安全，制定正确作业的“三措一案”（即组织措施、技术措施、安全措施和施工方案），而进行前期现场勘察基本步骤	http://wldx.sgcc.com.cn/www/html/LessonsDetail/8a8128a44a5d7b9e014a7f0441552711.html	★★★

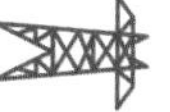

续表

序号	大类	中类	小类	课程题目	内容简介	国网公司网络大学地址链接	优先级
12	一、基础知识	（二）安全知识	1. 安全知识	登高用梯使用安全	登高作业定义；登高用梯安全使用要求	http://wldx.sgcc.com.cn/www/html/LessonsDetail/8a8128a157a856520157ffc3d0510ef5.html	★★
13				客户安全用电管理	客户现场检查工作内容；重要电力用户的界定和分级；重要电力用户的供电电源配置；重要电力用户供用电安全的风险防范	http://wldx.sgcc.com.cn/www/html/LessonsDetail/8a8128a246cdbd600146d0c856050029.html	★★
14				紧急救护	触电基本知识；触电急救的基本原则；触电急救的程序；正确实施心肺复苏	http://wldx.sgcc.com.cn/www/html/LessonsDetail/8a8128a346848412014684d67cf3001d.html	★★★
15				触电事故现场救援手册	现场救援“三部曲”——脱离电源；对症抢救；心肺复苏	http://wldx.sgcc.com.cn/www/html/LessonsDetail/8a8128a1563b601d01567a147f7555af.html	★★★
16		（三）仪器仪表使用	1. 仪器仪表使用	仪器仪表的使用与维护	万用表、钳形电流表和绝缘电阻表的用途、使用方法和操作注意事项	http://wldx.sgcc.com.cn/www/html/LessonsDetail/8a8128a14abef637014add0149c805e5.html	★★★
17				如何使用绝缘电阻表	绝缘电阻表的结构；测试电阻的步骤、注意事项	http://wldx.sgcc.com.cn/www/html/LessonsDetail/8a8128a157a9e8f60157c815d008082d.html	★★★
18				使用接地电阻测试仪测量接地电阻的方法	使用接地电阻测试仪测量接地电阻的准备工作；测量接地电阻的测量步骤	http://wldx.sgcc.com.cn/www/html/LessonsDetail/8a8128a1563b43490156725223207f9f.html	★★★
19				接地网导通电阻测试	接地网导通电阻测试的作用；接地网导通实验周期；测试基本要求；仪器功能介绍；接地网导通测试流程；测试数据分析；在 PMS2.0 系统完成工作流程	http://wldx.sgcc.com.cn/www/html/LessonsDetail/8a8128a157a9f1500157fedeccb14536.html	★
20				使用红外热像仪对设备进行红外测温	红外检测技术的工作原理；红外图像分析；工器具材料准备；安全要求；施工步骤；工艺要求	http://wldx.sgcc.com.cn/www/html/LessonsDetail/8a8128a1589f70db0158e8826363037f.html	★★
21				电网设备红外检测技术的基本知识	红外检测技术的工作原理；红外检测的主要参数；红外检测的基本原理；影响红外检测的因素；电力设备红外检测诊断技术的特点	http://wldx.sgcc.com.cn/www/html/LessonsDetail/8a8128a249ff8414014a51b6495e1a98.html	★
22				高压电容式验电器	高压电容型验电器结构；高压电容型验电器操作要求及注意事项	http://wldx.sgcc.com.cn/www/html/LessonsDetail/8a8128a15833b4ab01588efa5d840b0a.html	★★★

续表

序号	大类	中类	小类	课程题目	内容简介	国网公司网络大学地址链接	优先级
23	一、基础知识	（三）仪器仪表使用	1. 仪器仪表使用	直线杆塔倾斜值测量	直线杆塔倾斜值测量的流程；直线杆塔倾斜值的操作方法；直线杆塔倾斜值测量的注意事项	http://wldx.sgcc.com.cn/www/html/LessonsDetail/8a8128a1589f6d390158a9c4416e0085.html	★
24				单臂电桥测试配电变压器直流电阻	单臂电桥的工作原理；单臂电桥的操作步骤和相关注意事项	http://wldx.sgcc.com.cn/www/html/LessonsDetail/8a8128a44a5d7b9e014a7f0441942727.html	★★
25				双臂电桥测试配电变压器直流电阻	双臂电桥的工作原理；双臂电桥的操作步骤和相关注意事项	http://wldx.sgcc.com.cn/www/html/LessonsDetail/8a8128a44a5d7b9e014a7f04418f2725.html	★
26	二、配电专业技能及实操	（一）配电线路	1. 配电线路	登杆教学片	登杆前着装；工具准备；工具检查；穿戴工具；登杆前的检查；工具实验；登杆；下杆；收工	http://wldx.sgcc.com.cn/www/html/LessonsDetail/8a8128a157a9f150015801c482754679.html	★★★
27				绝缘子绑扎	导线在绝缘子上固定方式的分类；导线在绝缘子上固定的绑扎方法；导线在绝缘子上固定的技术要求	http://wldx.sgcc.com.cn/www/html/LessonsDetail/8a8128a1589f70db0158e7f1fb0c0374.html	★★★
28				配电线路常用绳扣系法	常用绳子的种类；绳扣的特点及原理；常用绳扣的打法及运用；绳扣视频演示	http://wldx.sgcc.com.cn/www/html/LessonsDetail/8a84a2fa571219ca0157458d1d1f7277.html	★★
29				拉线的制作方法	拉线结构；拉线类别；拉线制作	http://wldx.sgcc.com.cn/www/html/LessonsDetail/8a84a2fa571219ca0157458d1d657281.html	★★★
30				助你一线之力之拉线制作 4 步法	拉线的作用及分类；拉线制作前的准备工作；拉线的上把制作（量、弯、卡、绑）	http://wldx.sgcc.com.cn/www/html/LessonsDetail/8a8128a15833bcab01589064d9a8102f.html	★
31				工匠亮绝活之拉线制作	拉线制作所需的工器具；拉线制作所需的材料；空手折线法制作过程和要点	http://wldx.sgcc.com.cn/www/html/LessonsDetail/8a8128a1575b722101576f7d205a047d.html	★
32				拉线扎丝绞线器的使用方法	拉线扎丝绞线器的基本原理；拉线扎丝绞线器的使用方法	http://wldx.sgcc.com.cn/www/html/LessonsDetail/8a84a2fa575b6b1b015805b5af036752.html	★
33				低压直线杆单横担的安装	作业前准备；登杆；横担安装	http://wldx.sgcc.com.cn/www/html/LessonsDetail/8a8128a157a9e4790157d070d4bb3262.html	★★★

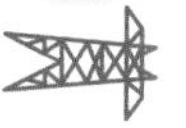

续表

序号	大类	中类	小类	课程题目	内容简介	国网公司网络大学地址链接	优先级
34	二、配电专业技能及实操	（一）配电线路	1. 配电线路	10kV 配电线路裸导线连接	工作前准备；操作步骤；注意事项；质量标准	http://wldx.sgcc.com.cn/www/html/LessonsDetail/8a8128a44a5d7b9e014a7f04417f271f.html	★★★
35				0.4kV 架空配电线路接户导线架设	业务知识；作业前准备；现场作业风险辨识和控制措施；作业程序	http://wldx.sgcc.com.cn/www/html/LessonsDetail/8a8128a249ff83f8014a5b06dced063e.html	★★★
36				10kV 配电线路验收 - 验收的过程和步骤	配电线路三级验收过程；前期隐蔽工程验收；中间验收	http://wldx.sgcc.com.cn/www/html/LessonsDetail/8a8128a44a5d7b9e014a7f0440da26e5.html	★★
37				大话西游之巡线安全篇	巡线安全：一带（带足个人安全防护用品；两侧（路线选择上风侧或外侧）；三注意（特殊情况不要单巡及登杆、特巡选择安全路线、禁止泅渡；自然灾害巡线要做好安全措施；故障巡线要认为有电，远离断线点 8m）	http://wldx.sgcc.com.cn/www/html/LessonsDetail/8a8128a15833ac69015890010ecb1b0e.html	★★★
38				输电线路巡视之“八看”	看沿线环境；看杆塔基础；看接地装置；看杆塔本体；看绝缘子；看金具；看导地线及其附件；其他设施	http://wldx.sgcc.com.cn/www/html/LessonsDetail/8a8128a1589f6d390158cd0a382c0317.html	★
39				配电架空线路的常见缺陷	配电架空线路各类电器元件常见故障；配电架空线路常见缺陷的记录方法	http://wldx.sgcc.com.cn/www/html/LessonsDetail/8a8128a44a5d7b9e014a7f04405d26c7.html	★★★
40				七步法测量导线对地净空	什么是导线对地净空；影响导线对地净空的主要因素；净空测量原理；如何在现场进行测量	http://wldx.sgcc.com.cn/www/html/LessonsDetail/8a8128a1563b43490156a0980ee90ebd.html	★★
41				输电线路交叉跨越距离测量	输电线路交叉跨越距离测量的流程；输电线路交叉跨越距离测量的操作方法；输电线路交叉跨越距离测量的注意事项	http://wldx.sgcc.com.cn/www/html/LessonsDetail/8a8128a157a9ed410157f11609eb1f0c.html	★
42				10kV 配电线路停电、验电、装设接地线操作	作业前准备工作；作业实施步骤；危险点预控	http://wldx.sgcc.com.cn/www/html/LessonsDetail/8a8128a44a5d7b9e014a7f04416d2719.html	★★★
43				倒闸操作前你不得不知道的 9 件事	操作人员作业资格；操作人员着装及持证上岗；操作人员佩戴安全帽；班前会召开；操作现场安全工器具定置摆放；受票；审查调度下达的指令票；填写倒闸操作票；审查倒闸操作票	http://wldx.sgcc.com.cn/www/html/LessonsDetail/8a84a2fa5833abd901588ffdd2ec098d.html	★★

续表

序号	大类	中类	小类	课程题目	内容简介	国网公司网络大学地址链接	优先级
44	二、配电专业技能及实操	（一）配电线路	1. 配电线路	10kV 配电线路转角杆倾斜人力正杆	作业流程；作业前准备工作；作业实施步骤和竣工验收；危险点预控	http://wldx.sgcc.com.cn/www/html/LessonsDetail/8a8128a44a5d7b9e014a7f0441862721.html	★★
45				10kV 配电线路更换拉线	作业流程；作业前准备工作；作业实施步骤和竣工验收；危险点预控	http://wldx.sgcc.com.cn/www/html/LessonsDetail/8a8128a44a5d7b9e014a7f044174271b.html	★★
46				10kV 配电线路导线断股的修复工作	作业流程；作业前准备工作；作业实施步骤和竣工验收；危险点预控	http://wldx.sgcc.com.cn/www/html/LessonsDetail/8a8128a44a5d7b9e014a7f04415a2713.html	★★
47				10kV 及以下架空配电线路绝缘子更换	业务知识；操作流程	http://wldx.sgcc.com.cn/www/html/LessonsDetail/8a8128a2437a07a101437b8ef87d0a23.html	★★
48				配电线路固定式人字抱杆撤杆	作业流程介绍；作业前准备；作业内容和步骤；验收评价	http://wldx.sgcc.com.cn/www/html/LessonsDetail/8a8128a44a5d7b9e014a7f04414c270d.html	★
49		（二）配电变压器及配电柜	1. 配电变压器及配电柜	变压器安装标准化作业	前期准备阶段；现场布置阶段；作业实施阶段	http://wldx.sgcc.com.cn/www/html/LessonsDetail/8a84a2fa5833abd901588fdc94c60982.html	★★★
50				低压电力变压器安装隐蔽工程五步建档法	纸质记录；照片拍摄；材料鉴定；整理装订；档案移交	http://wldx.sgcc.com.cn/www/html/LessonsDetail/8a84a2fa5833abd901588f490b1d0973.html	★
51				变压器巡视作业九步走	变压器本体及附属设备；变压器瓷套管；有载调压档位；温度计；呼吸器；外壳、铁芯及中性点接地；气体继电器；压力释放装置；端子箱	http://wldx.sgcc.com.cn/www/html/LessonsDetail/8a8128a15833b4ab01588c82167c0b00.html	★★
52				配电台区停、送电作业流程	操作前准备工作；现场操作；竣工	http://wldx.sgcc.com.cn/www/html/LessonsDetail/8a8128a15833b93201583d4499e50103.html	★★★

续表

序号	大类	中类	小类	课程题目	内容简介	国网公司网络大学地址链接	优先级
53	二、配电专业技能及实操	（三）高、低压电器	1. 高、低压电器	10kV 柱上断路器安装	工程概况；现场交底及勘察；施工前准备；开工会；挂接地线；固定滑轮；柱开支架底座横担安装；柱开安装；柱开引线横担及避雷器横担安装；瓷横担及避雷器安装；柱开引线及避雷器引线安装；接地分流环及故障指示器安装；驱鸟装置安装；柱开壳体接地；绝缘处理；固定标志牌；拆地线；工作结束检查；收工会	http://wldx.sgcc.com.cn/www/html/LessonsDetail/8a8128a1563b59970156c5c0b5276b9d.html	★★★
54				柱上断路器及负荷开关常见缺陷及处理	柱上断路器常见缺陷；柱上负荷开关常见缺陷；柱上断路器常见缺陷处理原则和方法；柱上负荷开关常见缺陷处理原则和方法；柱上断路器及负荷开关缺陷处理中危险点分析及预控	http://wldx.sgcc.com.cn/www/html/LessonsDetail/8a8128a44a5d7b9e014a7f0440f026eb.html	★★★
55				柱上隔离开关缺陷及处理	柱上隔离开关常见缺陷；柱上隔离开关常见缺陷处理原则和方法	http://wldx.sgcc.com.cn/www/html/LessonsDetail/8a8128a44a5d7b9e014a7f0440f926ef.html	★★★
56				10kV 配电线路隔离开关更换	现场勘察；停电申请；办理工作票；工具材料准备；工作许可；现场班站会；作业实施；竣工验收；工作终结	http://wldx.sgcc.com.cn/www/html/LessonsDetail/8a8128a44a5d7b9e014a7f0441652717.html	★★
57				六步掌握隔离开关调试方法	课程引入；隔离开关结构及动作原理；工艺要求及调试基础；隔离开关三极联合调试步骤；课程总结	http://wldx.sgcc.com.cn/www/html/LessonsDetail/8a8128a15833c07901588f9672911a9b.html	★
58				电力电容器熔丝（外置式）更换	概述；作业前准备；现场作业	http://wldx.sgcc.com.cn/www/html/LessonsDetail/8a8128a1563b9e460157020fcc565537.html	★
59		（四）电力电缆	1. 电力电缆	电力电缆基本结构	导体；护层；绝缘层；屏蔽层	http://wldx.sgcc.com.cn/www/html/LessonsDetail/8a84a2fa575b681a0157fa8c4d6432b3.html	★
60				10kV 交联电力电缆中间接头制作安装	10KV 交联电力电缆的结构及中间接头附件的基本知识；工器具材料准备；安全要求；施工步骤；工艺要求	http://wldx.sgcc.com.cn/www/html/LessonsDetail/8a8128a1589f70db0158e8790b24037b.html	★★★

续表

序号	大类	中类	小类	课程题目	内容简介	国网公司网络大学地址链接	优先级
61	二、配电专业技能及实操	（四）电力电缆	1. 电力电缆	10KV-XLPE 交联电力电缆热缩终端头制作安装	10KV-XLPE 交联电力电缆的结构及热缩终端附件的基本知识；工器具材料准备；安全要求；施工步骤；工艺要求	http://wldx.sgcc.com.cn/www/html/LessonsDetail/8a8128a1589f70db0158e8746e70037a.html	★★★
62				10kV 电缆终端制作	施工工器具及材料准备；开工会；制作前的检查；外护套及钢铠剥除；电缆绝缘初步判定；防水钢铠及铜屏蔽接地安装；冷缩三指套管、冷缩绝缘管、冷缩终端管、冷缩端子管安装；电缆终端绝缘判定；收工会；文明施工	http://wldx.sgcc.com.cn/www/html/LessonsDetail/8a8128a15833b93201583cf4b8210100.html	★★★
63				电缆线路的巡查周期和内容	电缆线路的巡查周期、内容、相关规定和注意事项；巡查电缆线路中常见的设备缺陷状态；电缆线路防护技术；电缆线路反外损的方法与措施	http://wldx.sgcc.com.cn/www/html/LessonsDetail/8a8128a2437a07a101437f5bda98105c.html	★★
64				电缆线路参数实验的标准和方法	电缆线路参数实验的目的；电缆线路参数实验项目及测试方法；测试注意事项	http://wldx.sgcc.com.cn/www/html/LessonsDetail/8a8128a2437a07a101437f5bda8c105a.html	★★
65				电缆故障性质诊断	判断电缆绝缘层是否完好；判断电缆导体是否完好	http://wldx.sgcc.com.cn/www/html/LessonsDetail/8a84a2fa575b681a0157fa8a494632b2.html	★★
66		（五）接地装置	1. 接地装置	小型作业现场接地线的安装	接地线的选择要求；接地线的安装步骤；接地线安装后自检	http://wldx.sgcc.com.cn/www/html/LessonsDetail/8a84a2fa575b681a015808d5e6053597.html	★★★
67				携带型接地线的检查与使用	组成；检查方法；使用	http://wldx.sgcc.com.cn/www/html/LessonsDetail/8a8128a157a856520157ffc1813b0eef.html	★★
68				架空地线预绞式悬垂金具更换工作	简介；工前准备；作业前准备；作业流程；工作终结	http://wldx.sgcc.com.cn/www/html/LessonsDetail/8a8128a157a856520157f5a84db50e2a.html	★
69		（六）剩余电流动作保护装置	1. 剩余电流动作保护装置	正确选择和使用漏电保护开关	漏电保护开关的作用；漏电保护开关的正确选用；特别提醒	http://wldx.sgcc.com.cn/www/html/LessonsDetail/8a8128a1576ff38a0157fbb2cb0f55e5.html	★★★
70				0.4kV 剩余电流动作保护装置更换	业务知识；作业前准备；现场作业风险辨识和控制措施；作业程序	http://wldx.sgcc.com.cn/www/html/LessonsDetail/8a8128a14abef644014b53838b2144fe.html	★★

续表

序号	大类	中类	小类	课程题目	内容简介	国网公司网络大学地址链接	优先级
71	二、配电专业技能及实操	（七）PMS系统操作应用	1. PMS系统操作应用	PMS2.0-01电网图形-设备添加及通用图形建模	设备添加及通用图形建模操作流程	http://wldx.sgcc.com.cn/www/html/LessonsDetail/8a8128a157099bd401570cfee522074e.html	★
72				PMS2.0-03运维检修-缺陷管理	缺陷管理操作流程	http://wldx.sgcc.com.cn/www/html/LessonsDetail/8a8128a157099bd401570cfee65c076e.html	★★
73		（八）杆塔基础及杆塔组立	1. 杆塔基础及杆塔组立	架空线路杆塔简介	概述；悬垂型杆塔；耐张直线杆塔；耐张转角杆塔；耐张终端杆塔；跨域杆塔；换位杆塔；钢筋混凝土杆；钢管杆；角钢塔；钢管塔；抢修塔	http://wldx.sgcc.com.cn/www/html/LessonsDetail/8a84a2fa575b681a0157fa922edb32b6.html	★
74				金具的作用及分类	耐张金具（线夹）；悬吊金具；接续金具；接触金具（设备线夹）；连接金具；防护金具	http://wldx.sgcc.com.cn/www/html/LessonsDetail/8a8128a1439a2ccc01439de2c2ac0062.html	★★
75	三、营销专业技能及实操	（一）营业业务	1. 业扩管理	业扩内容及流程	业务扩充的含义；业务扩充的范围；业务扩充的内容；业务扩充的流程	http://wldx.sgcc.com.cn/www/html/LessonsDetail/8a8128a1440f136101441026e41b09c3.html	★★
76				低压居民用户新装用电业务	业务流程；业务受理；现场勘察；审批与答复方案；确定费用和业务收费；配表和装表接电；送电和归档	http://wldx.sgcc.com.cn/www/html/LessonsDetail/8a8128a44a374918014a381ca6d4007d.html	★★★
77				低压非居民用户新装用电业务	业务流程；现场勘察；竣工报验与竣工验收	http://wldx.sgcc.com.cn/www/html/LessonsDetail/8a8128a44a374918014a381ca6db007f.html	★★★
78				业务扩充和变更用电的内容	业务扩充的内容；变更用电的内容	http://wldx.sgcc.com.cn/www/html/LessonsDetail/8a8128a44a374918014a381ca6cc007b.html	★★★
79				客户信息规范录入	客户基础信息的用途与价值；客户基础信息数据规范标准；客户基础信息系统录入介绍；典型易错点归纳	http://wldx.sgcc.com.cn/www/html/LessonsDetail/8a8128a1563b5997015708314d1a03b8.html	★★★
80				业扩工程的审查、验收	业扩工程的有关概念；业扩工程设计审核；业扩工程的中间检查和竣工检验	http://wldx.sgcc.com.cn/www/html/LessonsDetail/8a8128a449ff850a014a3c1cf93302fd.html	★★★

续表

序号	大类	中类	小类	课程题目	内容简介	国网公司网络大学地址链接	优先级
81	三、营销专业技能及实操	（一）营业业务	1. 业扩管理	供用电合同管理	合同的基本知识；供用电合同的种类；供用电合同范本的条款内容；供用电合同的签订、履行；供用电合同的变更与解除	http://wldx.sgcc.com.cn/www/html/LessonsDetail/8a8128a44a374918014a381ca6ac0077.html	★★★
82				装表接电及资料存档	装表接电前应具备的基本条件；装表接电的时限要求；信息归档的相关内容	http://wldx.sgcc.com.cn/www/html/LessonsDetail/8a8128a449ff850a014a3c1cf9440301.html	★★★
83			2. 电能计量装置配置	现场电能计量装置管理（上）	电能计量装置的分类及配置原则；电能计量装置设计审查的内容	http://wldx.sgcc.com.cn/www/html/LessonsDetail/8a8128a1437a049501437f8f58580380.html	★★
84				现场电能计量装置管理（下）	电能计量装置投运前验收的项目和内容；电能计量装置运行中的现场检验、周期轮换与抽检的要求	http://wldx.sgcc.com.cn/www/html/LessonsDetail/8a8128a1437a049501437f8f58650382.html	★★
85			3. 用电检查	规范用电检查现场工作流程	拍照取证记住“三”——三个环节；摄像取证记住“五”——五个要点；外场检查记住“七”——七个要素	http://wldx.sgcc.com.cn/www/html/LessonsDetail/8a8128a1439a2ccc01439de2c3370080.html	★★
86			4. 窃电、违约用电	“顺藤摸瓜”查线损	节点排查法；因素权重法；变因分析法	http://wldx.sgcc.com.cn/www/html/LessonsDetail/8a8128a157a202630157f6355c9d4d79.html	★★
87				窃电的制止与处理	典型案例；相关法律条款	http://wldx.sgcc.com.cn/www/html/LessonsDetail/8a84a2fa56439a7b0156c4bb4acb41d4.html	★★
88				居民单相电能表反窃电技巧与方法	钳形万用表检查偷漏电方法；单相电能表反窃电“三步法”；偷电手法及检查分析方法	http://wldx.sgcc.com.cn/www/html/LessonsDetail/8a84a2fa575b7057015800e4874b69da.html	★★
89				窃电与违约用电的查处	相关法律法规介绍；常见窃电行为介绍；窃电检查；窃电处理；确定和处理违约用电行为的依据；窃电与违约用电检查与处理工作中得注意事项	http://wldx.sgcc.com.cn/www/html/LessonsDetail/8a8128a346848412014684d67cde0017.html	★★
90		（二）优质服务	1. 优质服务	营业厅服务礼仪规范	营业厅服务礼仪规范介绍	http://wldx.sgcc.com.cn/www/html/LessonsDetail/8a8128a1563b9e460156c473dd2d2e4d.html	★★
91				电费收费规范姿势	接待环节；受理环节	http://wldx.sgcc.com.cn/www/html/LessonsDetail/8a8128a157a9e8f60157c774e41e080f.html	★★

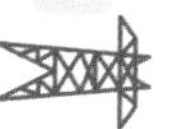

续表

序号	大类	中类	小类	课程题目	内容简介	国网公司网络大学地址链接	优先级
92	三、营销专业技能及实操	（二）优质服务	1. 优质服务	电能表轮换—现场服务规范知多少	现场服务基本要求；电能表现场轮换服务规范	http://wldx.sgcc.com.cn/www/html/LessonsDetail/8a84a2fa589f62ef0158d2765914047e.html	★★
93		（三）电价电费管理	1. 电价电费管理	电价基本知识	电价；上网电价；输配电价；销售电价	http://wldx.sgcc.com.cn/www/html/LessonsDetail/8a8128a157122e1e015746b65ec5277a.html	★
94				如何计算阶梯电价	阶梯电价计算方法	http://wldx.sgcc.com.cn/www/html/LessonsDetail/8a84a2fa575b681a015808c96ebf3594.html	★★
95				居民家庭“一户多人口”电价政策	居民家庭“一户多人口”电价政策	http://wldx.sgcc.com.cn/www/html/LessonsDetail/8a8128a1575b680a01576a5466ff0058.html	★★
96				普通居民用电费计算	居民电费发票构成；居民电费的计算	http://wldx.sgcc.com.cn/www/html/LessonsDetail/8a84a2fa575b70570157ffa2ccf36986.html	★
97				居民电费那些事儿	阶梯电价；峰谷电价；抄表、复核、收费	http://wldx.sgcc.com.cn/www/html/LessonsDetail/8a8128a1576ff38a0158090634b158fc.html	★★
98				基本电费的相关规定	定义；计算方式；计算方式的选择；相关业务的计收	http://wldx.sgcc.com.cn/www/html/LessonsDetail/8a84a2fa575b681a0157fa908b6932b5.html	★
99		（四）营业普查与临时用电	1. 营业普查与临时用电	临时供用电合同的签订	签订临时供用电合同的依据；临时供用电合同的基本内容；签订临时供用电合同的注意事项	http://wldx.sgcc.com.cn/www/html/LessonsDetail/8a8128a1440f136101441026e47c09d3.html	★★★
100		（五）抄表收费	1. 电量异常处理	电能表及电量异常分析处理	电能表各种异常情况的分析处理；电量异常现象的原因分析；计量装置异常、客户对计量装置有异议、用电异常情况的分析处理	http://wldx.sgcc.com.cn/www/html/LessonsDetail/8a8128a1437a047f01437a3e2b000026.html	★★★
101				错误电量的退补	电能计量装置接线错误情况下电量追补原则；电量更正方法及更正系数、更正率计算；电能计量装置接线错误情况下追补电量计算方法	http://wldx.sgcc.com.cn/www/html/LessonsDetail/8a8128a1437a047f01437a3e2a6d0012.html	★★

续表

序号	大类	中类	小类	课程题目	内容简介	国网公司网络大学地址链接	优先级
102	三、营销专业技能及实操	（五）抄表收费	2. 电费回收	多元化交费方式 总有一种适合你	柜台办理；网上缴费；其他缴费方式	http://wldx.sgcc.com.cn/www/html/LessonsDetail/8a84a2fa575b6b1b0157f5537ddb5b0a.html	★★★
103				电 e 宝 - 让你我的生活更便捷	电 e 宝的主要功能	http://wldx.sgcc.com.cn/www/html/LessonsDetail/8a8128a15833bcab01584cc966b902c8.html	★★★
104				足不出户 尽享电力 -“掌上电力”App 缴费步骤介绍	“掌上电力”App 缴费步骤介绍	http://wldx.sgcc.com.cn/www/html/LessonsDetail/8a8128a157a9e8f60157bd197c790508.html	★★★
105				支付宝缴电费	支付宝缴电费步骤介绍	http://wldx.sgcc.com.cn/www/html/LessonsDetail/8a84a2fa575b6b1b0157f5537f065b32.html	★★
106				微信交费	微信交费步骤介绍	http://wldx.sgcc.com.cn/www/html/LessonsDetail/8a8128a157ec61fb015809e1aa2902ba.html	★★
107				电费回收五个百分百	电费风险管控六项措施：风险防控“一户一策”；高风险客户“日日管控”；严把业扩关，签订付费供电协议；协议归属化管理，强化协议执行；分次抄表结算；电费余额冻结	http://wldx.sgcc.com.cn/www/html/LessonsDetail/8a8128a157e1055d0157fa48a3e1074a.html	★
108			3. 抄表器的使用和维护	集中抄表终端及其应用	用电信息采集终端；集中抄表终端作用；实物图；常见低压集抄方案；半载波采集方案；全载波采集方案；GPRS Ⅱ型集中器方案；微功率无线采集方案	http://wldx.sgcc.com.cn/www/html/LessonsDetail/8a8128a157a202630157f4950646443f.html	★★
109				现场抄表机抄表规范操作与注意事项	现场抄表准备；核对抄表信息；检查现场计量装置；抄录电能表示数；完工检查；作业行为规范	http://wldx.sgcc.com.cn/www/command/StudyTopicControl?flag=topicIndex&tid=4b7-b393bb73d399&table=s_prefecture_doc	★★
110		（六）装表接电	1. 计量管理	如何缩短客户接电时间	影响因素：供电能力不足；客户工程设计施工耗时过长；供电企业市场意识缺乏服务缺位。解决方法：加大建设投入提高供电能力；对内强化管理对外提升服务	http://wldx.sgcc.com.cn/www/html/LessonsDetail/8a8128a157a9e4790157bd3b27bb2c18.html	★

续表

序号	大类	中类	小类	课程题目	内容简介	国网公司网络大学地址链接	优先级
111	三、营销专业技能及实操	（六）装表接电	1. 计量管理	计量资产配送管理	总则；管理流程；职责分工；配送需求计划管理；配送计划管理；配送执行管理；检查考核；配送车辆	http://wldx.sgcc.com.cn/www/html/LessonsDetail/8a8128a1437a049501437f8f584b037e.html	★
112			2. 计量装置安装	制定进户线方案	进户线的概念和一般要求；进户线现场勘察基本要求；进户线施工方案编制工程质量验收方案编制	http://wldx.sgcc.com.cn/www/html/LessonsDetail/8a8128a14a5d7b2a014a842d3512339a.html	★★
113				居民零散户装表接电流程	作业内容；工作质量标准；工作流程图；作业前准备；作业步骤；管理要求	http://wldx.sgcc.com.cn/www/html/LessonsDetail/8a8128a1573c2131015754dafd9e094b.html	★★
114				低压接户线及电能表箱安装施工工艺	接户线横担及绝缘子安装；接户线安装；电能表箱安装；标示安装	http://wldx.sgcc.com.cn/www/html/LessonsDetail/8a84a2fa571219ca0157458d1cf97271.html	★★★
115				高压三相四线电能计量装置安装	简介；作业准备；安装过程及工艺要求；注意事项	http://wldx.sgcc.com.cn/www/html/LessonsDetail/8a8128a14a5d7b2a014a842d34c4338e.html	★★
116				单相电能表安装（直接接入）	作业内容；危险点分析与控制；作业前准备；操作过程、质量要求；注意事项	http://wldx.sgcc.com.cn/www/html/LessonsDetail/8a8128a14a5d7b2a014a842d34bf338c.html	★★
117				直接接入式三相四线电能计量装置安装	基本要求；作业前准备；安装步骤；注意事项	http://wldx.sgcc.com.cn/www/html/LessonsDetail/8a8128a1437a047f01437a3e2aa6001a.html	★★
118				经电流互感器接入三相四线电能计量装置安装	基本要求；准备工作；安装工艺；注意事项；工作结束	http://wldx.sgcc.com.cn/www/html/LessonsDetail/8a8128a14a5d7b2a014a842d35a333c0.html	★★★
119				10kV 电能计量联合接线盒的正确应用	结构；操作步骤；回顾与总结	http://wldx.sgcc.com.cn/www/html/LessonsDetail/8a84a2fa575b7057015800dbe90369d9.html	★★★

续表

序号	大类	中类	小类	课程题目	内容简介	国网公司网络大学地址链接	优先级
120	三、营销专业技能及实操	（六）装表接电	2. 计量装置安装	电能表轮换—第一次到装表现场	认识现场要做的准备工作；掌握现场要注意的相关内容	http://wldx.sgcc.com.cn/www/html/LessonsDetail/8a84a2fa589f62ef0158d271f400047c.html	★★
121			3. 计量装置故障排除	智能表常见故障处理	看外观；测卡槽；核代码；处理	http://wldx.sgcc.com.cn/www/html/LessonsDetail/8a8128a1563b601d01567a5f72f655c3.html	★★★
122				电能计量错接线检查	操作的着装要求；整理并检查操作工具；操作步骤	http://wldx.sgcc.com.cn/www/html/LessonsDetail/8a84a2fa5709a991015709efcd7a0006.html	★★
123				单相电能表接线方法剖析	理解单相电能表接线原理；掌握单相电能表接线方法	http://wldx.sgcc.com.cn/www/html/LessonsDetail/8a84a2fa571219ca0157458d1d44727b.html	★★
124				单相电能计量装置运行检查、分析、故障处理	接线形式；铭牌参数；安装运行注意事项；常见故障及异常；检查的重点；课程总结	http://wldx.sgcc.com.cn/www/html/LessonsDetail/8a8128a449ff850a014a3c61a0380579.html	★★★
125				三相四线电能表简单错误接线检查	知识准备；安全注意事项；三相四线电能表简单错误接线检查	http://wldx.sgcc.com.cn/www/html/LessonsDetail/8a8128a1437a049501437be064e500b6.html	★★★
126				三相四线电能计量装置运行检查、分析、故障处理	接线形式；安装运行注意事项；错接线分析；常见故障及异常；检查的重点；课程总结	http://wldx.sgcc.com.cn/www/html/LessonsDetail/8a8128a449ff850a014a3c61a040057b.html	★★★
127				三相三线电能计量装置检查、分析、故障处理	接线形式；安装运行注意事项；错接线分析；常见故障及异常；检查的重点；课程总结	http://wldx.sgcc.com.cn/www/html/LessonsDetail/8a8128a449ff850a014a3c61a046057d.html	★★
128				三相三线电能表复杂错误接线检查	知识准备；安全注意事项；三相三线电能表复杂错误接线检查	http://wldx.sgcc.com.cn/www/html/LessonsDetail/8a8128a145fa2ec9014674d009c70ab3.html	★★

续表

序号	大类	中类	小类	课程题目	内容简介	国网公司网络大学地址链接	优先级
129	三、营销专业技能及实操	（六）装表接电	3. 计量装置故障排除	基于“用电采集系统”提升故障定位精准性应用	基于“用电采集系统”提升故障定位精准性应用	http://wldx.sgcc.com.cn/www/html/LessonsDetail/8a8128a1576ff38a01580ad225d25911.html	★
130				窃电和违约用电嫌疑的查找	窃电和违约用电嫌疑的寻找；举报；直观法；分析法；在线监测法；案例分析	http://wldx.sgcc.com.cn/www/html/LessonsDetail/8a8128a14a5d7b2a014a842b4c6f337c.html	★★
131		（七）线损管理	1. 线损管理	线损电量的分析和计算方法	线损的有关概念；线损统计与分析；课程总结	http://wldx.sgcc.com.cn/www/html/LessonsDetail/8a8128a149ff85a3014a3760564a112c.html	★★
132				降低线损措施	降损基本概念；技术降损措施；管理降损措施	http://wldx.sgcc.com.cn/www/html/LessonsDetail/8a8128a1440f136101441026e3c709b5.html	★★★
133		（八）营销管理信息系统、用电信息采集系统操作应用	1. 营销管理信息系统、用电信息采集系统操作应用	用电信息采集的常用操作	采集成功率查询；数据召测；终端设备运行状况查询；根据台区号查询集中器状态；采集设备调试	http://wldx.sgcc.com.cn/www/html/LessonsDetail/8a8128a1439a2ccc01439e15d77800aa.html	★★
134				业扩报装监测分析实用化应用	业扩报装监测分析实用化应用	http://wldx.sgcc.com.cn/www/html/LessonsDetail/8a8128a24abef9f0014b1590817a273e.html	★★★
135				秒懂采集	主站系统；自动抄读；远程控制；电价下发	http://wldx.sgcc.com.cn/www/html/LessonsDetail/8a84a2fa589f62ef0158ddf3a6aa0895.html	★★
136				远程费控	远程费控实施的意义；远程费控的功能介绍；温馨提醒	http://wldx.sgcc.com.cn/www/html/LessonsDetail/8a8128a156d9333001570801ae4c78ee.html	★★★